普通高等教育"十三五"规划教材

分析化学实验

赖晓绮　主　编

胡珊玲　罗海清　薛　珺　副主编

中国石化出版社

内 容 提 要

《分析化学实验》重点介绍定量分析实验，主要包括化学分析实验和仪器分析实验，具体分为分析化学实验的基本知识、分析化学实验的仪器及操作、实验内容和附录四部分内容。实验项目包括化学分析实验 23 个，仪器分析实验 20 个。化学分析实验部分包括滴定分析实验（酸碱滴定、络合滴定、氧化还原滴定和沉淀滴定）和沉淀重量分析实验；仪器分析实验部分主要包括紫外可见分光光度法实验、红外吸收光谱法实验、荧光光度法实验、原子吸收光谱法实验、原子发射光谱法实验、电位分析法实验、库仑分析法实验、伏安和极谱分析法实验、气相色谱法实验、高效液相色谱法实验和气相色谱 – 质谱联用法实验等。

《分析化学实验》适合作为大中专院校化学及相关专业教材使用。

图书在版编目（CIP）数据

分析化学实验 / 赖晓绮主编 . —北京：中国石化
出版社，2017.9（2024.7 重印）
普通高等教育"十三五"规划教材
ISBN 978 – 7 – 5114 – 4630 – 5

Ⅰ.①分…　Ⅱ.①赖…　Ⅲ.①分析化学-化学实验-
高等学校-教材　Ⅳ.①O652.1

中国版本图书馆 CIP 数据核字（2017）第 218357 号

中国石化出版社出版发行
地址:北京市东城区安定门外大街 58 号
邮编:100011　电话:(010)57512500
发行部电话:(010)57512575
http://www.sinopec-press.com
E-mail:press@sinopec.com
北京科信印刷有限公司印刷
全国各地新华书店经销
*
710×1000 毫米 16 开本 13 印张 242 千字
2017 年 9 月第 1 版　2024 年 7 月第 3 次印刷
定价:35.00 元

序　　言

　　分析化学是化学的重要分支学科之一，它的主要任务是确定物质的组成、含量和结构，它应用于许多理论研究和实际工作中，分析化学的水平已成为衡量一个国家科学技术水平的重要标志之一。分析化学课程是大学化学专业及有关专业的主要基础课，而分析化学实验课是分析化学课程的重要组成部分。通过该课程的学习，不仅可使学生掌握分析化学实验的基本操作技能，提高动手能力，而且能培养学生实事求是的科学态度和良好的实验习惯，促其形成严格的量的观念。同时，也有助于加深对分析化学基础理论的理解和掌握。

　　《分析化学实验》重点介绍定量分析实验，主要包括化学分析实验和仪器分析实验，具体内容包括四部分：一、分析化学实验的基本知识；二、分析化学实验的仪器及操作；三、实验内容；四、附录。实验项目包括化学分析实验23个，仪器分析实验20个。化学分析实验部分包括滴定分析实验(酸碱滴定、络合滴定、氧化还原滴定和沉淀滴定)和沉淀重量分析实验；仪器分析实验部分主要包括紫外可见分光光度法实验、红外吸收光谱法实验、荧光光度法实验、原子吸收光谱法实验、原子发射光谱法实验、电位分析法实验、库仑分析法实验、伏安和极谱分析法实验、气相色谱法实验、高效液相色谱法实验和气相色谱－质谱联用法实验等。

　　本书有以下几个特点：

　　(1)将经典化学分析实验和仪器分析实验合编，有利于学生获得分析化学实验的整体知识。

　　(2)实验内容紧扣分析化学理论教材，使之与理论教学密切配合。

（3）实验内容选择范围广，涉及成分分析、结构分析，无机和有机分析、药物分析、环境分析等实验内容。并结合地方资源特色，充分把稀土成分分析、脐橙成分分析方法内容编辑入教材。

（4）注重减少环境污染，将一些常规常量实验项目改革成为微型实验项目编入教材。

（5）积极进行实验教学研究，对现有的一些实验项目进行不断研究改进，同时研究建立一些新的实验方法和实验项目，注重把教学研究成果转化为教学内容。

参加本书编写的有赣南师范大学化学化工学院赖晓绮（第一～八章、附录）、胡珊玲（第四、第五、第九、第十二章部分内容）、罗海清（第一、第二、第三、第九章部分内容）、薛珺（第十一、第十二章部分内容）、戚琦（第十章部分内容）、林燕（第九章部分内容）、周慧（第九、第十章部分内容）、范玉兰（第十一章部分内容）和叶敏（第十章部分内容）等老师，全书由赖晓绮老师整理定稿。

本书由国家级化学特色专业建设点项目、江西省教育厅高校教学改革研究项目（JXJG - 15 - 14 - 19）、赣南师范大学教学改革重点招标课项目和赣南师范大学教材建设基金资助项目资助出版。

由于编者水平所限，错误和不妥之处，恳请读者批评指正。

编　者

目　　录

第一章　分析化学实验基础知识 ···（ 1 ）

　第一节　分析化学实验基本要求与实验室安全知识 ··················（ 1 ）

　第二节　分析化学实验的一般知识 ·····································（ 3 ）

第二章　化学分析仪器及其操作方法 ·····································（ 7 ）

　第一节　滴定分析仪器与操作方法 ·····································（ 7 ）

　第二节　沉淀重量分析的操作方法 ·····································（17）

　第三节　电子分析天平 ···（23）

第三章　定量分析基本操作实验 ···（28）

　实验一　分析天平称量练习 ···（28）

　实验二　滴定分析操作练习 ···（30）

　实验三　容量仪器的校准 ···（33）

第四章　酸碱滴定实验 ··（37）

　实验一　工业碱总碱度测定 ···（37）

　实验二　食用醋总酸度的测定 ··（39）

　实验三　果蔬类食品中总酸度的测定 ·································（42）

　实验四　阿司匹林药片中乙酰水杨酸含量的测定 ··················（45）

　实验五　酸碱滴定设计实验 ···（48）

第五章　络合滴定实验 ··（52）

　实验一　自来水总硬度的测定 ··（52）

　实验二　铋、铅含量的连续测定 ·······································（55）

实验三　铝含量的测定 ······················（58）

实验四　EDTA 滴定法测定稀土含量 ···········（62）

实验五　络合滴定设计实验 ····················（64）

第六章　氧化还原滴定实验 ····················（69）

实验一　高锰酸钾法测定过氧化氢含量 ··········（69）

实验二　高锰酸钾法测定化学需氧量 ············（72）

实验三　重铬酸钾法测定化学需氧量 ············（75）

实验四　重铬酸钾法测定铁试样中全铁含量 ······（79）

实验五　间接碘量法测定铜 ····················（82）

实验六　直接碘量法测定维生素 C 制剂及果蔬中抗坏血酸含量 ·····（86）

第七章　沉淀滴定法 ····························（89）

实验一　莫尔法测定可溶性氯化物和自来水中 Cl⁻ 含量 ·····（89）

实验二　佛尔哈德法测定氯化物中氯含量 ········（93）

第八章　重量分析实验 ··························（98）

实验一　硫酸盐中硫的测定 ····················（98）

实验二　草酸盐重量法测定稀土总量 ············（101）

第九章　光分析法实验 ··························（103）

实验一　邻二氮菲分光光度法测定铁的条件试验 ···（103）

实验二　邻二氮菲分光光度法测定微量铁 ········（106）

实验三　邻二氮菲分光光度法测定铁配合物组成 ···（108）

实验四　双硫腙萃取分光光度法测定水样中微量铅 ·····（111）

实验五　偶氮胂Ⅲ分光光度法测定稀土含量 ······（114）

实验六　三溴偶氮胂分光光度法测定稀土含量 ·····（116）

实验七　取代基及溶剂对苯的紫外吸收光谱的影响 ·····（118）

实验八　荧光分析测定邻、间羟基苯甲酸混合物中的二组分含量 ·····（121）

实验九　苯甲酸和聚苯乙烯红外吸收光谱的测绘 ···（123）

实验十　火焰原子吸收光谱法测定铜 ············（125）

实验十一　火焰原子吸收光谱法测定自来水中钙（标准加入法）·····（128）

实验十二　ICP－AES 同时测定矿泉水中钙和镁 ……………………（130）

第十章　电化学分析法实验 ………………………………………（133）

实验一　H_2SO_4 和 H_3PO_4 混合酸的电位滴定 …………………（133）

实验二　果蔬类食品中总酸度的测定 …………………………（136）

实验三　氟离子选择性电极测定水中氟含量 …………………（139）

实验四　循环伏安法——$K_3Fe(CN)_6$ 电极过程可逆性的判断 ……（142）

实验五　库仑滴定法测定水中微量铬（Ⅵ） ……………………（145）

第十一章　色谱分析法实验 ………………………………………（149）

实验一　气相色谱定量校正因子测定及气相色谱定量分析 …（149）

实验二　高效液相色谱法测定 VE 胶囊中 α－VE 醋酸酯的含量 ……（152）

实验三　白酒成分分析（气相色谱－质谱联用方法） …………（156）

第十二章　常见分析仪器的工作原理及操作规程 ………………（160）

第一节　酸度计 …………………………………………………（160）

第二节　电化学工作站 …………………………………………（166）

第三节　分光光度计 ……………………………………………（170）

第四节　荧光光度计 ……………………………………………（177）

第五节　原子吸收分光光度计 …………………………………（180）

第六节　色谱仪 …………………………………………………（184）

附　　录 …………………………………………………………（188）

参 考 文 献 ………………………………………………………（200）

第一章　分析化学实验基础知识

第一节　分析化学实验基本要求
与实验室安全知识

一、分析化学实验基本要求

分析化学实验是大学化学专业及相关专业的重要基础课程，通过本课程的学习，对提高学生的动手能力、分析和解决问题的能力及培养学生严谨的科学态度和实事求是的工作作风有重要作用。要学好这门课程，达到预期的目的，在学习过程中应注意做到如下几点：

(1)严格遵守实验室的各项规章制度。

(2)实验前认真预习，结合分析化学理论学习实验教材，理解实验原理，了解和初步掌握实验步骤和注意事项，并认真写好实验预习报告。

(3)进入实验室后必须穿上实验服，必要时应戴好护目镜，有时要戴好塑胶手套。

(4)实验操作要严格规范，仔细观察实验现象，并及时认真地做好记录，所有的实验原始数据要记录在实验记录本上。记录实验数据时，必须注意其有效数字的位数。如用分析天平称量时，要求记录到0.0001g，滴定管读数要求记录到0.01mL。

(5)实验数据记录与实验结果处理必须真实准确、实事求是，严禁伪造实验数据。实验记录上的每一个数据，都是测量结果，即使数据完全相同，也都要记录下来。平行实验数据之间的相对偏差一般要求不超过±0.3%。对于设计实验、复杂试样的分析及微型实验，可略微放宽。

(6)实验过程中应保持实验台和整个实验室的整洁、安静，集中注意力、积极思考、严谨有序地进行实验。了解实验室安全常识，爱护仪器，树立环境保护意识，在保证实验要求的前提下尽量节约试剂及能源，实验过程中产生的有毒、有害化学物质必须分类回收到专用储存容器中待统一处理，不得随意倒入下水道。

（7）实验结束后，先由指导教师检查实验结果，经指导教师认可实验结果并签名确认，然后必须认真清洗、整理好实验器材，才能离开实验室。

（8）及时认真写好实验报告。实验报告一般包括实验题目、实验日期、实验目的、实验原理、仪器和试剂、实验步骤、实验数据记录及结果处理和实验讨论等，所有实验数据必须应用表格记录和处理，数据表格要简明扼要。

二、实验室安全知识

在分析化学实验中，经常使用具有腐蚀性、易燃、易爆或有毒的化学试剂，及煤气、水、电等，还要用到大量易损的玻璃仪器和某些精密分析仪器。为确保人身安全及实验室仪器设备的安全，必须严格遵守实验室的安全规则。

（1）实验室内严禁饮食、吸烟，一切化学药品禁止入口，严禁使用烧杯等实验用玻璃器皿饮水或其他饮料。

（2）实验结束后须洗手。水、电、煤气灯使用完毕后，应立即关闭。离开实验室时，应仔细检查水、电、煤气、门、窗是否均已关好。

（3）使用电器设备时，应特别小心，切不可用湿润的手去开启电闸和电器开关。凡是漏电的仪器不要使用，以免触电。

（4）使用浓酸、浓碱及其他具有强腐蚀性的试剂时要特别小心，切勿溅在皮肤或衣服上。使用浓硝酸、浓盐酸、浓硫酸、高氯酸和氨水等试剂时，均应在通风橱中操作，如有条件，应戴好护目镜、口罩并穿好橡胶手套进行操作。在夏季，打开浓氨水瓶盖之前，应先将氨水瓶放在自来水流水下冲洗待冷却后，再行开启。

如果不小心将酸或碱溅到皮肤上，应立即用水反复冲洗干净；如果不小心将酸或碱溅到眼内，应立即用水冲洗，然后用 $50 \text{g} \cdot \text{L}^{-1}$ 碳酸氢钠溶液（酸腐蚀时采用）或 $50 \text{g} \cdot \text{L}^{-1}$ 硼酸溶液（碱腐蚀时采用）冲洗，最后用水冲洗。

热、浓的 $HClO_4$ 遇有机物常易发生爆炸，使用 $HClO_4$ 处理试样时应特别注意。如果待处理试样为有机物，应先加入浓硝酸并加热，使之与有机物发生反应，有机物被破坏后再加入 $HClO_4$。蒸发 $HClO_4$ 所产生的烟雾易在通风橱中凝聚，如经常使用 $HClO_4$，通风橱应定期用水冲洗，以免 $HClO_4$ 的凝聚物与尘埃、有机物作用，引起燃烧或爆炸，造成事故。

（5）使用乙醚、苯、丙酮、三氯甲烷等易燃有机溶剂时，一定要远离火焰和热源。使用完后将试剂瓶塞严(内、外塞均应盖好),放在阴凉处保存。低沸点的有机溶剂不能直接在火焰或热源(煤气灯或电炉)上加热,而应在水浴上加热。

(6)使用氰化物、砷化物和有毒重金属盐(如汞盐)等剧毒物品时应特别小心。氰化物不能接触酸,因作用时产生剧毒的 HCN!氰化物废液应倒入碱性亚铁盐溶液中,使其转化为亚铁氰化铁盐,然后作废液处理,严禁直接倒入下水道或废液缸中。用后的汞应收集在专用的回收容器中,上面用水覆盖(防止挥发),切不可随意倒弃。万一发现少量汞洒落,要尽量收集干净,然后在可能洒落的地方洒上一些硫黄粉,并清扫干净,作固体废物处理。硫化氢气体有毒,涉及有关硫化氢气体的操作时,一定要在通风橱中进行。

(7)如发生烫伤,可在烫伤处抹上黄色的苦味酸溶液或烫伤软膏。严重者应立即送医院治疗。

(8)实验室如发生火灾,应根据起火的原因进行针对性灭火。汽油、乙醚等有机溶剂着火时,用砂土扑灭,此时绝对不能用水,否则反而会扩大燃烧面;导线或电器着火时,不能用水或 CO_2 灭火器,而应首先切断电源,用 CCl_4 灭火器灭火,并根据火情决定是否要向消防部门报告。

(9)实验室应保持室内整齐、干净。禁止将毛刷、抹布、废纸、废屑、玻璃碎片等固体物扔入水槽内,以免造成下水道堵塞。此类物质应放入废纸箱或实验室规定存放的地方。废酸、废碱切勿倒入水槽内,以免腐蚀下水管道,应将它们小心倒入废液缸。

第二节　分析化学实验的一般知识

一、分析化学实验用纯水

纯水是分析化学实验中最常用的纯净溶剂和洗涤用水,根据分析任务和要求的不同,对水的要求也有所不同。一般的实验可用蒸馏水或去离子水,微量、痕量分析用水的纯度要求较高,一般要求二次蒸馏水或二次去离子水。

1. 纯水的制备方法

制备纯水的方法通常有以下几种。

1)蒸馏法

蒸馏法能除去水中的非挥发性杂质,但不能除去易溶于水的挥发性杂质,也

会残留少量的 Na^+、SiO_3^{2-} 等离子。该法制得水的纯度因所选蒸馏器的材质不同而不同。通常使用玻璃、铜和石英等材料制成的蒸馏器。经一次蒸馏的蒸馏水往往不能满足一些特殊实验的较高要求，需要采用"重蒸水"（二次蒸馏水）。重蒸水由专门的装置制备。

2）离子交换法

这是应用离子交换树脂除去水中杂质离子的方法。用此法制得的水又称"去离子水"。此法的优点是容易以较低成本制得大量纯度高的水。其缺点是制备的水可能含有微生物和少量有机物，以及一些非离子型杂质。

3）电渗析法

这是一种在外加电场的作用下，利用阴、阳离子交换膜对溶液中离子的选择性透过而使杂质离子从水中分离出来的方法。另外，二级反渗透装置制备的纯水已经能满足大多数实验的要求。对一些特殊要求的实验，可在二级反渗透装置后再接一级离子交换装置。

2. 纯水质量的检验

对于所制备纯水的质量可通过以下检验方法而确定。

1）电阻率的检验

使用电导仪测定水的电阻率，25℃时电阻率为 $(1.0 \sim 10) \times 10^6 \Omega \cdot cm$ 的水为纯水，$> 10 \times 10^6 \Omega \cdot cm$ 的水为超纯水。

2）酸碱度（要求 pH 值为 6~7）的检验

取 2 支试管，各加被检查的水 10mL，一管加甲基红指示剂 2 滴，不得显红色，另一管加 0.1% 溴麝香草酚蓝（溴百里酚蓝）指示剂 5 滴，不得显蓝色。在空气中放置较久的纯水，因溶解有 CO_2，pH 值可降至 5.6 左右。

3）钙镁离子的检验

取 10~20mL 被检查的水，加氨水 - 氯化铵缓冲溶液（pH≈10），调节溶液pH 值至 10 左右，加入铬黑 T 指示剂 1 滴。如溶液显蓝色，说明该纯水中不含钙镁离子；如溶液显红色，说明该纯水不纯，其中含有钙镁离子。

4）氯离子的检验

取 10~20mL 被检查的水，用 HNO_3 酸化，加 1% $AgNO_3$ 溶液 2 滴，摇匀后如有浑浊现象，说明水中含有氯离子。

3. 分析实验室用水规格和试验方法的国家标准

国家标准《分析实验室用水规格和试验方法》（GB/T 6682—2008）中规定了分析实验室用水的级别、技术指标、制备方法及检验方法。表 1-1 列出了相应级别水的技术指标，可满足通常的各种分析实验的要求。

表 1-1　分析实验室用水的级别和主要技术指标（GB/T 6682—2008）

技术指标	一级	二级	三级
pH 值范围（25℃）	—	—	5.0 ~ 7.5
电导率（25℃）/mS·m^{-1}	≤0.01	≤0.1	≤0.50
可氧化物质（以 O 计）/mg·L^{-1}	—	<0.08	<0.4
蒸发残渣（105℃±2℃）/mg·L^{-1}	—	≤1.0	≤2.0
吸光度（254nm，1cm 光程）	≤0.001	≤0.01	—
可溶性硅（以 SiO$_2$ 计）/mg·L^{-1}	<0.01	<0.02	—

二、化学试剂

1. 常用试剂的规格

化学试剂的种类很多，世界各国对化学试剂的分类和分级的标准不尽一致，国际纯粹与应用化学联合会（IUPAC）将化学标准物质依次分为 A ~ E 的五级，其中 C 级和 D 级为滴定分析标准试剂（含量分别为 100% ± 0.02% 和 100% ± 0.05%），E 级为一般试剂。我国的化学试剂一般可分为四个等级，其规格和适用范围见表 1-2。

此外，还有一些特殊用途的高纯试剂，如色谱纯试剂，表示其在仪器最高灵敏度（10^{-10}g）条件下进样分析无杂质峰出现；光谱纯试剂则以光谱分析时出现的干扰谱线的数目和强度大小来衡量，要注意的是光谱纯的试剂不一定是化学分析的基准试剂，基准试剂的纯度要相当于或高于保证试剂，主要用作滴定分析的基准物或直接配制标准溶液。

表 1-2　试剂规格和适用范围

等级	中文名称	英文名称及其缩写	适用范围
一级品	优级纯（保证试剂）	guarantee reagent GR	纯度很高，适用于精密分析工作和科研工作
二级品	分析纯（分析试剂）	analytical reagent AR	纯度仅次于 GR 级，适用于多数分析工作和科研工作
三级品	化学纯	chemical pure CP	适用于一般分析工作
四级品	实验试剂	laboratory reagent LR	纯度较低，适用于实验辅助试剂
	生物试剂	biological reagent BR 或 CR	

在分析工作中所选试剂的级别并非越高越好，而是要和所用的方法、实验用水、操作器皿的等级相适应。在通常情况下，分析实验中所用的一般溶液可选用AR级试剂并用蒸馏水或去离子水配制。在某些要求较高的工作（如痕量分析）中，若试剂选用GR级，则不宜使用普通蒸馏水或去离子水，而应选用二次重蒸水或二次去离子水，所用器皿在使用过程中也不应有物质溶出。

2. 试剂的保管

试剂的保管在实验室中是一项十分重要的工作。试剂因保管不好易变质失效，这不仅是一种浪费，而且还会使分析工作失败，甚至会引起事故。一般的化学试剂应保存在通风良好、干净、干燥的房间里，防止水分、灰尘和其他物质沾污。

根据试剂性质应有不同的保管方法：

（1）容易侵蚀玻璃而影响试剂纯度的，如氢氟酸、氟化物（氟化钾、氟化钠、氟化铵）、苛性碱（氢氧化钾、氢氧化钠）等，应保存在塑料瓶或涂有石蜡的玻璃瓶中。

（2）见光会逐渐分解的试剂如过氧化氢、硝酸银、焦性没食子酸、高锰酸钾、铋酸钠等，与空气接触易逐渐被氧化的试剂如氯化亚锡、硫酸亚铁、亚硫酸钠等，以及易挥发的试剂如溴、氨水及乙醇等，应放在棕色瓶内，置冷暗处。

（3）吸水性强的试剂，如无水碳酸盐、苛性钠、过氧化钠等应严格密封或蜡封。

（4）相互易作用的试剂，如挥发性的酸与氨、氧化剂与还原剂，应分开存放。易燃的试剂如乙醇、乙醚、苯、丙酮与易爆炸的试剂如高氯酸、过氧化氢、硝基化合物，应分开储存在阴凉通风、不受阳光直接照射的地方。最好使用带通风设施的试剂柜，并定时通风，以防止挥发出的溶剂蒸气聚集而发生危险。

（5）剧毒试剂如氰化钾、氰化钠、氢氟酸、二氯化汞、三氧化二砷（砒霜）等，应特别注意妥善保管，经一定手续取用，以免发生事故。

第二章　化学分析仪器及其操作方法

第一节　滴定分析仪器与操作方法

滴定分析用的玻璃仪器主要有滴定管、移液管、吸量管、容量瓶等可准确测量溶液体积的仪器，及锥形瓶、量筒、称量瓶和烧杯等非定容仪器。各仪器的用途不同，操作方法不同。

一、滴定管

滴定管是用于滴加溶液并确定溶液体积的玻璃仪器。传统的滴定管分为酸式滴定管和碱式滴定管两种，见图 2-1。酸式滴定管用旋塞控制溶液滴加，可用来装酸性、中性及氧化性溶液，但不宜装碱性溶液，因为碱性溶液能腐蚀玻璃磨口

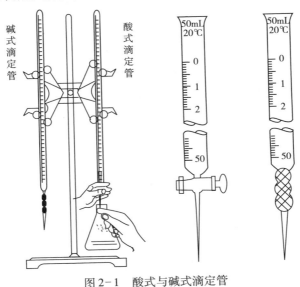

图 2-1　酸式与碱式滴定管

和旋塞。碱式滴定管用乳胶管和玻璃珠来控制溶液滴加，用来装碱性及无氧化性溶液。能与乳胶管起反应的溶液，如高锰酸钾、碘和硝酸银等溶液，不能加入碱式滴定管中。

目前已普遍使用一种带聚四氟乙烯旋塞的通用型滴定管（或称两用滴定管），其使用方法与传统的酸式滴定管相同。这种滴定管可克服上述酸、碱式滴定管存在的旋塞易堵塞、乳胶管易老化及只宜装某些溶液的缺点，使用起来较方便。

滴定管的容量有大有小，最小的为 1mL，最大的为 100mL，还有 50mL、25mL、10mL 和 5mL 的滴定管。常用的是 50mL 滴定管。滴定管的容量精度分为 A、B 两级，A 级的精度较高。表 2-1 所示为国家规定的不同容量大小的滴定管的容量允差（GB 12805—2011）。

表 2-1　滴定管的容量允差（20℃）

标示总容量/mL		2	5	10	25	50	100
分度值/mL		0.02	0.02	0.05	0.1	0.1	0.2
容量允差（±）/mL	A	0.010	0.010	0.025	0.05	0.05	0.10
	B	0.020	0.020	0.050	0.10	0.10	0.20

1. 滴定管的准备

1）滴定管清洗

滴定管一般用自来水冲洗，零刻度线以上部位可用毛刷刷洗，零刻度线以下部位如不干净，则应采用洗液清洗（碱式滴定管应除去乳胶管，用橡胶乳头将滴定管下口堵住），切忌使用毛刷刷洗。污垢少时可加入约 5～10mL 洗液，双手平托滴定管的两端，不断转动滴定管，使洗液润洗滴定管内壁，操作时管口对准洗液瓶口，以防洗液外流。清洗完毕后，将洗液分别由两端放出。如果滴定管太脏，可将洗液装满整根滴定管浸泡一段时间。为防止洗液流出，在滴定管下方可放一烧杯。最后用自来水、蒸馏水洗净。洗净后的滴定管内壁应被水均匀润湿而不挂水珠。如挂水珠，应重新洗涤。

2）滴定管检漏及其常规处理

滴定管洗涤完成后，可在其中装入蒸馏水至零刻度以上，并垂直地夹在滴定管架上，静置几分钟，观察是否漏水。然后试着滴定，观察是否能灵活控制滴定速度。若滴定管漏水或操作不灵活，应进行下述处理：

对于酸式滴定管，应在旋塞与塞套内壁涂敷少许凡士林。涂凡士林时，凡士林用量要适当，涂得太多，易堵塞旋塞孔；涂得太少，达不到转动灵活和防止漏水之目的。涂凡士林后，将旋塞直接插入旋塞套中。插入时旋塞孔应与滴定管平行，此时旋塞不要转动，这样可以避免将凡士林挤到旋塞孔中去。然后，向同一方向不断旋转旋塞，直至旋塞周围呈均匀透明状为止。旋转时，注意向旋塞小的一端施加一定的力，避免来回移动旋塞，使塞孔堵塞。最后将橡胶圈套在旋塞小端的沟槽上。若旋塞孔或出口尖嘴被凡士林堵塞，可将滴定管充满蒸馏水后（若室温较低，应加温蒸馏水），将旋塞打开，用洗耳球在滴定管上部挤压，将凡士林排出。

若为碱式滴定管，应检查橡胶管是否老化、玻璃珠的大小是否合适。橡胶管老化则更新，玻璃珠过大（不便操作）或过小（会漏溶液）也应更换，以达到控制灵活、不漏溶液的目的。

若为带聚四氟乙烯旋塞的通用型滴定管，则通过调节螺丝即可。

2．滴定管装液

将待装的溶液摇匀，并注意使凝结在容器（一般为试剂瓶或容量瓶）内壁上的水珠混入溶液。再用该溶液润洗已清洗的滴定管内壁 2～3 次，每次用 10～15mL 溶液。然后将瓶中的溶液直接倒入滴定管中（注意不要借用其他容器，如烧杯、漏斗等来转移，以免带来误差），直至充满至零刻度以上为止。

3．滴定管排气泡

滴定管倒好溶液后，应检查滴定管尖嘴部分和橡胶管（碱式滴定管）内是否有气泡。酸式滴定管尖若有气泡，肉眼可以看见，发现有气泡必须排除。而碱式滴定管橡胶管内无法看见，因此对于碱式滴定管只要装好溶液，无论是否存在气泡，都要进行气泡排除操作。

1）酸式滴定管（或通用型管）气泡的排除

排除酸式滴定管（或通用型管）中的气泡，可用右手拿滴定管，左手迅速打开旋塞，使溶液冲出管口，流入水槽，同时右手可上下抖动滴定管。另一种更加有效的排除酸式滴定管（或通用型管）滴嘴部分的气泡的方法如下：

双手横握滴定管，稍微倾斜（进液口向上），其中左手手指轻轻打开旋塞慢慢放液，即可有效地排除气泡。

排完气后，补加溶液至零刻度以上，再在水槽内调节液面至零刻度或稍下处，读取刻度值。

2）碱式滴定管气泡的排除

碱式滴定管装液后，由于无法看见橡胶管内是否藏有气泡，因此装液后无论是否存在气泡均要进行气泡排除。碱式滴定管排除气泡操作如下：

用右手拿滴定管，左手拇指和食指捏住玻璃珠部位，使橡胶管向上弯曲翘起，并捏挤橡胶管使溶液从管口喷出，排除气泡，见图2-2。同样排完气泡后，补加溶液至零刻度以上，再在水槽内调节液面至零刻度或稍下处，读取刻度值。

4. 滴定管的读数

滴定管读数前，应看看滴嘴上是否挂着液珠。滴定后，若滴嘴上挂有液珠，则无法准确确定滴定体积。读数时一般应遵循下列原则：

(1)将滴定管从滴定管架上取下，用右手大拇指和食指捏住滴定管上部(即滴定管及溶液的重心以上)，其他手指从旁辅助，使滴定管自然悬垂，然后再读数。不能将滴定管夹在滴定管架上读数或两手握住滴定管读数，因为这样很难保证滴定管垂直和准确读数。

(2)由于水的附着力和表面张力的作用，滴定管内的液面呈弯月形，无色和浅色溶液的弯月面比较清晰。读数时，身体应站直，视线应与弯月面下缘的最低点相切，即视线应与弯月面下缘的最低点在同一水平面上，如图2-3所示。对于有色溶液(如 $KMnO_4$、I_2 等)，其弯月面不够清晰，读数时，视线应与液面两侧的最高点(上液面)相切，这样才较易读准。

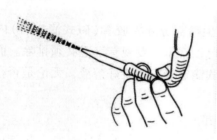

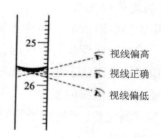

图2-2　碱式滴定管气泡排放方法　　　图2-3　滴定管读数视线角度

(3)在滴定管装满或滴定结束读数时，必须等待约半分钟，使附着在内壁的溶液流下后，再读数。如果放出溶液的速度较慢(如接近化学计量点时就是如此)，那么可只等约15s，即可读数。注意在每次读数前，都应观察管壁内是否挂有水珠，管的尖嘴处有无悬液滴，管嘴内有无气泡。

(4)必须读至0.01mL 位。滴定管上两个小刻度之间为0.1mL，要正确估读其十分之一的值。

(5)对于有蓝带的滴定管，读数方法与上述相似。当蓝带滴定管内盛有溶液时，将出现似两个弯月面的上下两个尖端相交，此上下两尖端相交点的位置，即为蓝带管读数的正确位置。

5．滴定操作

1）酸式滴定管（或两用滴定管）的滴定操作

使用酸式滴定管（或两用滴定管）时，左手控制滴定管，其无名指和小指向手心弯曲，轻轻地贴着出口部分，用其余三指控制旋塞的转动，如图2-4所示。注意不要向外用力，以免推出旋塞造成漏水，而应使旋塞稍有向手心的回力。

2）碱式滴定管的滴定操作

使用碱式滴定管滴定时，仍以左手握管，其拇指在前，食指在后，其他三个手指辅助夹住出口管。用拇指和食指捏住玻璃珠所在部位，向右边挤橡胶管，使玻璃珠移至手心一侧，这样，溶液即可从玻璃珠旁边的空隙流出，如图2-5所示。注意不要用力捏玻璃珠，不要使玻璃珠上下移动。也不要捏玻璃珠下部橡胶管，以免空气进入而产生气泡。

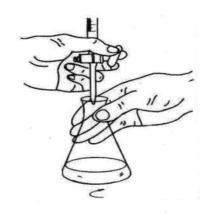

图2-4　酸式滴定管的操作

图2-5　碱式滴定管的操作

3）锥形瓶的操作

滴定时要边滴边摇瓶，使滴定剂与被滴物迅速反应。若在锥形瓶中进行滴定，用右手的拇指、食指和中指握住锥形瓶颈部，其余两指辅助在下侧，使瓶底离滴定台高约2～3cm，滴定管的滴嘴伸入瓶内约1cm。左手控制滴定管滴加溶液，右手按顺时针方向（或反时针方向）摇动锥形瓶。

在烧杯中滴定时，将烧杯放在滴定台上，调节滴定管的高度，使其下端伸入烧杯内约1cm。滴定管下端应在烧杯中心的左后方处（放在中央影响搅拌，离杯壁过近不利搅拌均匀）。左手滴加溶液，右手用玻璃棒搅拌溶液。玻璃棒应作圆周搅动，不要碰到烧杯壁和底部。当滴至接近终点需半滴半滴地加入溶液时，可

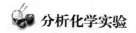

用玻璃棒下端承接悬挂的半滴溶液于烧杯中。但要注意,玻璃棒只能接触液滴,不能接触管尖。

6. 注意事项

(1)最好每次滴定都从零刻度"0.00mL"开始,这样可以减少滴定误差。调好零刻度后,如果滴定管尖悬挂液滴,应将其与锥形瓶外壁接触除去。

(2)滴定时要站立好或坐端正,眼睛主要观察溶液滴落点周围颜色的变化。不要去看滴定管内液面刻度变化,而不顾滴定反应的进行。

(3)在滴定过程中,左手不能离开旋塞,而任溶液自流。右手摇瓶时,应微动腕关节,使溶液向同一方向旋转(建议顺时针旋转),不能前后振摇,以免溶液溅出。摇瓶速度以使溶液旋转出现一旋涡为宜。摇得太慢,会影响化学反应的进行;摇得太快,易致溶液溅出或碰坏滴嘴。

(4)开始滴定时,滴定速度可稍快,呈"见滴成线"状,即每秒3~4滴左右。但不要滴得太快,以致滴成"水线"状。在接近终点时,应一滴一滴加入,即加一滴摇几下,再加,再摇。最后是每加半滴,摇几下锥形瓶,直至溶液出现明显的颜色变化为止。

(5)半滴溶液的加入。若为用酸式滴定管(或两用滴定管)滴定,可轻轻转动旋塞,使溶液悬挂在滴嘴上,形成半滴,用锥形瓶内壁将其沾落,再用洗瓶吹洗。对于碱式滴定管,加半滴溶液时,应先松开拇指与食指,将悬挂的半滴溶液沾在锥形瓶内壁上,再放开无名指和小指,这样可避免管尖出现气泡。加入半滴溶液时,也可使锥形瓶倾斜后再沾落液滴,这样液滴可落在锥形瓶的较下处,便于用锥形瓶内的溶液将其涮至瓶中。如此可避免吹洗次数太多,造成被滴定物过度稀释。

二、容量瓶

容量瓶是一种细颈梨形的平底玻璃瓶,带有磨口玻璃塞或塑料塞。颈上有标度刻线,一般表示在20℃时当液体充满至标度刻线时液体的准确体积,其容量允差见表2-2。

表2-2 常用容量瓶的容量允差(20℃)

标示容量/mL		5	10	25	50	100	200	250	500	1000
容量允差(±)/mL	A	0.02	0.02	0.03	0.05	0.10	0.15	0.15	0.25	0.40
	B	0.04	0.04	0.06	0.10	0.20	0.30	0.30	0.50	0.80

　　容量瓶主要用于配制准确浓度的溶液或定量地稀释溶液，下面介绍其使用方法及注意事项。

　　1. 使用方法

　　1) 容量瓶检查

　　检查容量瓶主要是检查容量瓶瓶塞位置是否漏水，漏水则无法准确配制溶液。

　　检查瓶塞是否漏水的方法如下：加自来水至标度刻线附近，盖好瓶塞后，左手用食指按住塞子，其余手指拿住瓶颈标线以上部分，右手用指尖托住瓶底边缘，如图2-6所示。将瓶倒立2 min，如不漏水，将瓶直立，转动瓶塞180°后，再倒立2 min检查，如不漏水，便可使用。

　　使用容量瓶时，不要将其磨口玻璃塞随便取下放在台面上，以免沾污，可将瓶塞系在瓶颈上。若瓶塞为平头的塑料塞子，可将塞子倒置在台面上。

　　2) 溶液配制

　　用容量瓶配制溶液时，最常用的方法是先称出固体试样于小烧杯中，加蒸馏水或其他溶剂将其溶解，然后将溶液定量转入容量瓶中。定量转移溶液时，一手拿玻璃棒，另一手拿烧杯，使烧杯嘴紧靠玻璃棒，而玻璃棒则悬空伸入容量瓶口中，棒的下端应靠在瓶颈内壁上，使溶液沿玻璃棒和内壁流入容量瓶中，见图2-7。待烧杯中的溶液流完后，将玻璃棒和烧杯稍微向上提起，并使烧杯直立，再将玻璃棒放回烧杯中。然后，用洗瓶吹洗玻璃棒和烧杯内壁，再将溶液转入容量瓶中。如此吹洗、转移的操作，一般应重复3~4次，以保证定量转移。然后加蒸馏水至容量瓶的四分之三左右容积时，用右手食指和中指夹住瓶塞的扁头，将容量瓶拿起，朝同一方向摇动几周，使溶液初步混匀(此时切忌将容量瓶倒转摇匀!)。继续加蒸馏水至距离标度刻线约0.5~1cm处后，等1~2 min使附在瓶颈内壁的溶液流下后，再用滴管滴加蒸馏水至弯月面下缘与标度刻线相切(注意，勿使滴管接触溶液。如操作技能熟练也可用洗瓶滴加蒸馏水至刻度)。无论溶液有无颜色，均加蒸馏水至弯月面下缘与标度刻线相切为止。加蒸馏水至标度刻线后，盖上干瓶塞，用左手食指按住塞子，其余手指拿住瓶颈标线以上部分，而用右手的全部指尖托住瓶底边缘(图2-6)，将容量瓶倒转，使气泡上升到顶，同时可使瓶振荡以混匀溶液。再将瓶直立过来，又再将瓶倒转，使气泡上升到顶部，振荡溶液。如此反复10次左右。切忌采用剧烈震摇的方式来摇匀溶液。

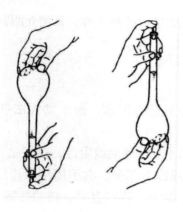

图2-6　容量瓶检漏方法

图2-7　转移溶液的操作

3）溶液稀释

用移液管移取一定体积的溶液于容量瓶中，加蒸馏水至标度刻线，然后按上述方法混匀溶液。

2．注意事项

（1）容量瓶不宜长期保存溶液。配好的溶液若需长期保存，应将其转移至磨口试剂瓶中，不要将容量瓶当作试剂瓶使用。

（2）使用完毕应立即用水洗干净。若长期不用，在洗净擦干磨口后，用纸片将磨口隔开。

（3）容量瓶不能在烘箱中烘烤，也不能在电炉等加热器上直接加热。如需使用干燥的容量瓶，可在洗净后用乙醇等有机溶剂荡洗，然后晾干或用电吹风的冷风吹干。

三、移液管和吸量管

1．移液管和吸量管及其规格

移液管是中间有一较大空腔的细长玻璃管，管颈上部刻有一标线［见图2-8（a）］，在标明的温度下，若使溶液的弯月面与移液管标线相切，再让溶液按一定的方法自由流出，则流出液的体积与管上标明的体积相同。因此，移液管是用于准确移取一定体积溶液的玻璃仪器。常用的移液管有10mL、15mL、25mL等规格。

吸量管是带有分刻度的玻璃管，如图2-8（b）～（d）所示，它一般用于量取较小体积的溶液。常用的吸量管有1mL、2mL、5mL、10mL等规格，吸量管量取溶液的准确度不如移液管。需要注意的是，有些吸量管的分刻度不是刻到管尖，而是离管尖尚有 1~2cm。

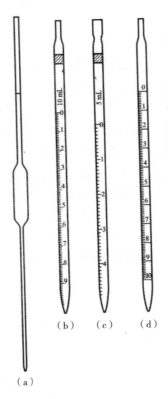

图 2-8　移液管和吸量管

2. 移液管和吸量管的使用方法

1）润洗

移取溶液前，可用吸水纸将洗干净的移液管或吸量管的管尖端内外的水除去，然后用待吸溶液润洗 3 次。吸取溶液时，用左手拿洗耳球，将食指或拇指放在洗耳球的上方，其余手指自然地握住洗耳球，用右手的拇指和中指拿住移液管或吸量管标线以上的部分，无名指和小指辅助拿住移液管，将洗耳球对准移液管口，如图 2-9（a）所示，再将管尖伸入溶液中吸取，待溶液被吸至管体积的约四分之一处（注意勿使溶液流回，以免稀释溶液）时，移开，润洗，然后让溶液从尖口放出、弃去，如此反复润洗 3 次。润洗是保证移取的溶液与待吸溶液浓度一致的重要步骤。

有时为了避免润洗时稀释溶液，也可以将少量溶液倒入一个干净、干燥的小烧杯中，再将管尖伸入烧杯里的溶液中吸取，待溶液被吸至管体积的约四分之一处时，移开，润洗，然后让溶液从管尖放出、弃去，如此反复润洗 3 次。

2）移取溶液

移液管经润洗后，可直接插入待吸液液面下 1～2cm 处吸取溶液。注意管尖不要伸入太浅，以免液面下降后造成空吸；也不宜伸入太深，以免移液管外部附有过多的溶液。吸液时，应使管尖随液面下降而下降。当洗耳球慢慢放松时，管中的液面徐徐上升，待液面上升至标线以上时，迅速移去吸耳球。与此同时，用右手食指堵住管口，左手改拿盛待吸液的容器。然后，将移液管往上提起，使之离开液面，并使容器倾斜约 30°，让其内壁与移液管尖紧贴，此时右手食指微微松动，使液面缓慢下降，直到视线平视时弯月面与标线相切，这时立即用食指按紧管口。移开待吸液容器，左手改拿接受溶液的容器，并将接受容器倾斜 30° 左右，使内壁紧贴移液管尖。接着放松右手食指，使溶液自然地顺壁流下，如图 2-9（b）所示。待液面下降到管尖后，等 15s 左右，移出移液管。这时，管尖部位仍留有少量溶液，对此，除特别注明"吹"字的以外，此管尖部位留存的溶液是不能吹入接受容器中的，因为在工厂生产检定移液管时没有把这部分体积算进去。需要指出的是，由于一些移液管尖部做得不很圆滑，因此管尖部位留存溶液的体积可能会因接受容器内壁与管尖接触的位置不同而有所差别。为避免出现这种情况，可在等待的 15s 过程中，左右旋动移液管，这样管尖部位每次留存的溶液体积就会基本相同。

用吸量管移取溶液的操作与用移液管移取基本相同。对于标有"吹"字的吸量管，在放出溶液时，应将存留管尖部位的溶液吹入接受容器内。有

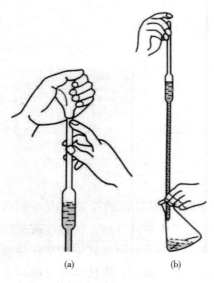

图 2-9　溶液的移取

些吸量管的刻度离管尖尚有 1～2cm，放出溶液时也应注意。实验中，要尽量使用同一支吸量管，以免带来误差。

由于移液管和吸量管管尖部位易碎，移液操作时动作要平缓，移液过程中管

尖应尽量避免与容器底部接触，以免损坏仪器。

第二节　沉淀重量分析的操作方法

一、重量分析法

重量分析法是指通过称量经适当方法处理所得的与待测组分含量相关的物质的质量来求得物质含量的方法。沉淀重量分析法是利用沉淀反应使待测组分先转变成沉淀，再转化成一定的称量形式的称量分析法。

沉淀重量分析法用到的仪器主要包括：分析天平、高温电炉、普通电炉、坩埚、干燥器、玻璃漏斗和烧杯等。

二、晶形沉淀重量分析的操作方法

沉淀重量分析的分析过程因沉淀类型及性质不同而异，对于晶形沉淀（如 $BaSO_4$ ）的重量分析，一般分析过程包括如下步骤：试样溶解、沉淀、陈化、过滤和洗涤、烘干、炭化和灰化、灼烧至恒重和结果计算。

1．试样溶解

溶样方法主要有两种：一种是用蒸馏水或酸等溶解，另一种是高温熔融后再用溶液溶解。

2．沉淀

通过加入沉淀剂使待测组分沉淀下来。为了得到较纯净、较易过滤的沉淀，操作时应遵循一定的原则。例如，对于晶形沉淀，沉淀操作时应使沉淀溶液适当稀；应将溶液加热；应缓慢加入沉淀试剂，且要一边加一边用玻璃棒不断搅拌。

3．陈化

沉淀完全后，盖上表面皿，放置过夜或在水浴上保温 1h 左右。陈化的目的是使小晶体长成大晶体，不完整的晶体转变成完整的晶体，同时减少共沉淀杂质。

4．过滤和洗涤

1）过滤

重量分析法使用定量滤纸过滤，根据其孔径分为慢速、中速和快速滤纸。每张滤纸的灰分质量为 0.08mg 左右，可以忽略。过滤 $BaSO_4$ 可采用慢速或中速滤纸。

过滤用的玻璃漏斗锥体角度应为 60°，颈的直径不能太大，一般应为 3 ~ 5mm，颈长为 15 ~ 20cm，颈口处磨成 45°角，如图 2 - 10 所示。漏斗的大小应与滤纸的大小相适应。应使折叠后的滤纸上缘低于漏斗上沿 0.5 ~ 1cm，绝不能超出漏斗边缘。

滤纸一般按四折法折叠，即先将滤纸整齐地对折，然后再对折，这时不要把两角按压对齐，将其打开后成为顶角稍大于 60°的圆锥体，如图 2 - 11 所示。然后将滤纸放入洁净且干燥的漏斗中，如果滤纸与漏斗不十分密合，可以稍稍改变滤纸折叠的角度，直到与漏斗密合为止。再用手按压滤纸，将第二次的折边折严，这样所得圆锥体的一半为三层，另一半为一层。然后取出滤纸，将三层厚的紧贴漏斗的外层撕下一角，保存于干燥的表面皿上备用。注意在折叠滤纸前，应先将手洗净、擦干，以免弄脏滤纸。

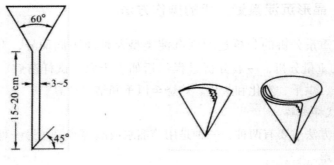

图 2 - 10　漏斗规格　　　　　　图 2 - 11　滤纸折叠的方法

将折叠好的滤纸放入漏斗中，三层的一边应放在漏斗出口短的一边。用食指按紧三层的一边，用洗瓶吹入少量蒸馏水将滤纸润湿，然后，轻按滤纸边缘，使滤纸与漏斗间密合（注意三层与一层之间处也应与漏斗密合）。再用洗瓶加蒸馏水至滤纸边缘，此时漏斗颈内应充满蒸馏水，当漏斗中的蒸馏水流完后，颈内仍保留着水柱，且无气泡。若漏斗颈内不形成完整的水柱，可以用手堵住漏斗下口，稍掀起滤纸三层的一边，用洗瓶向滤纸与漏斗间的空隙里加蒸馏水，直到漏斗颈和锥体的大部分被蒸馏水充满，然后按紧滤纸边，放开堵住出口的手指，此时水柱应可形成。最后再用蒸馏水冲洗一次滤纸，然后将漏斗放在漏斗架上，下面放一洁净的烧杯接滤液，并使漏斗出口长的一边紧靠杯壁。过滤前漏斗和烧杯上均应盖好表面皿。

过滤一般分三步进行。起初采用倾泻法过滤上清液，如图 2-12 所示；其次是洗涤沉淀并将沉淀转移到漏斗内；再就是清洗烧杯和洗涤漏斗内的沉淀。过滤时应随时检查滤液是否透明，如不透明，说明有穿滤。这时必须换另一洁净烧杯接滤液，在原漏斗上将穿滤的滤液进行第二次过滤。如发现滤纸穿孔，则应更换滤纸重新过滤，而第一次用过的滤纸应保留。

采用倾泻法是为了避免沉淀堵塞滤纸上的空隙，影响过滤速度。等烧杯中的沉淀沉下以后，借助玻璃棒将清液倒入漏斗中。玻璃棒的下端应对着滤纸三层厚的一边，并尽可能接近滤纸，但不要触及滤纸。倒入溶液的体积一般不要超过滤纸圆锥体的三分之二，或液面离滤纸上边缘不少于 5mm，以免少量沉淀因毛细管作用越过滤纸上缘，造成损失。此外，沉淀离滤纸边缘太近也不便洗涤。若一次倾泻不能将清液转移完，应待烧杯中的沉淀沉下后再次倾泻。

2）洗涤

将清液转移完后，应对沉淀进行初步洗涤。洗涤时，每次用约 10mL 洗涤液吹洗烧杯内壁，使粘附着的沉淀集中到杯底部，每次洗涤完后，用倾泻法过滤溶液，如此反复洗涤 3～4 次。然后再加少量洗涤液于烧杯中，搅动沉淀使之混匀，立即将沉淀和洗涤液一起通过玻璃棒转移至漏斗内。再加少量洗涤液于杯中，搅拌混匀后再转移至漏斗里，如此重复几次，使沉淀基本都被转移至漏斗中。再按如图 2-13 所示的方法将残留的沉淀吹洗至漏斗中，即用左手拿起烧杯，使烧杯嘴向着漏斗，右手把玻璃棒从烧杯中取出平放在烧杯

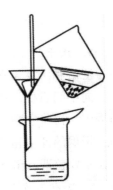

图 2-12　倾泻法过滤

口上，并使玻璃棒伸出烧杯嘴约 2～3cm。然后用左手食指按住玻璃棒的较高部位，倾斜烧杯使玻璃棒下端指向滤纸三层一边，用右手拿洗瓶吹洗整个烧杯内壁，使洗涤液和沉淀沿玻璃棒流入漏斗中。如果仍有少量沉淀牢牢地粘附在烧杯壁上吹洗不下来时，可将烧杯放在桌上，用沉淀帚（它是一头带橡胶的玻璃棒）在烧杯内壁自上而下、自左至右擦拭，使沉淀集中在底部，再将沉淀吹洗入漏斗里。对牢固粘附的沉淀，也可用前面折叠滤纸时撕下的滤纸角擦拭玻璃棒和烧杯内壁，并将此滤纸角放在漏斗的沉淀上。处理完毕，还应在明亮处仔细检查烧杯，看是否吹洗、擦拭干净，玻璃棒、表面皿和沉淀帚也需认真检查。

沉淀全部转移到滤纸上后，应对它进行洗涤。其目的是将沉淀表面所吸附的可溶性杂质和残留的母液除去。洗涤方法如图 2-14 所示，从滤纸的多重边缘开始用洗瓶轻轻吹洗，并螺旋形地往下移动，最后到多重部分停止，即所谓的"从

缝到缝"。这样,便于将沉淀洗干净,还能使沉淀集中到漏斗的底部。洗涤沉淀时要遵循"少量多次"的原则,即每次洗涤用的洗涤剂的量要少,滤干后再行洗涤。一般情况下,如此反复洗涤 3～5 次。

图 2-13 吹洗沉淀的方法

图 2-14 沉淀的洗涤

5. 烘干

滤纸和沉淀通常用煤气灯或电炉烘干。过滤完后用扁头玻璃棒将滤纸边挑起,向中间折叠,将沉淀盖住,折叠成滤纸包。然后,将滤纸包转移至已恒重的坩埚中,再将它倾斜放置在煤气灯架上或电炉上,让多层滤纸部分朝上,以利烘烤。坩埚的外壁和盖上事先用蓝黑墨水或 $K_4[Fe(CN)_6]$ 溶液编号。烘干时,坩埚盖不要盖严,留条缝隙,以便水汽挥发逸出。

6. 炭化和灰化

炭化是将烘干后的滤纸烤成炭黑状,灰化是将呈炭黑状的滤纸灼烧成灰。若为用电炉加热,则让坩埚处同一状态受热(倾斜或正放)。对应烘干、炭化、灰化,逐步提高温度,一步一步完成。炭化时如遇滤纸着火,可立即用坩埚盖盖住,使坩埚内的火焰熄灭(切不可用嘴吹灭!),以避免沉淀随气流飞散而损失产生误差。待火熄灭后,将坩埚盖移至原来位置,继续加热至全部炭化直至灰化(此时在坩埚中几乎看不见炭黑粒)。

7. 灼烧至恒重

灰化后,将坩埚移入高温炉中(根据沉淀性质调节适当温度),盖上坩埚盖,但仍须留有缝隙。在与灼烧空坩埚时相同的温度下,灼烧 40～45 min,取出,冷至室温,称量。然后进行第二次、甚至第三次灼烧,直至相邻两次灼烧后的称量值差别不大于 0.4mg,即为恒重。一般第二次以后每次灼烧 20 min 即可。空坩埚的恒重方法与此相同。坩埚与沉淀的恒重质量与空坩埚的恒重质量之差,即为被称物(如 $BaSO_4$)的质量。据此可计算出被测组分的含量。

当从高温炉中取出坩埚时，先将坩埚移至炉口，至红热稍退后，再将坩埚从炉中取出放在洁净瓷板上。在夹取坩埚时，坩埚钳应预热。待坩埚冷至红热退去后，将坩埚转至干燥器中，一般应放在瓷板圆孔上，再盖好盖子。注意随后应开启干燥器盖 1~2 次，排出热气。置干燥器内冷却，原则上应冷至室温，这样一般约需 30 min。为减少可能存在的误差，每次灼烧、称量和放置的时间，都应保持一致。

使用干燥器时，首先将干燥器擦干净，烘干多孔瓷板，再将干燥剂通过一纸筒装入干燥器的底部，以避免干燥剂沾污内壁的上部。然后盖上瓷板，再在干燥器的磨口上涂上一层薄而均匀的凡士林，盖上干燥器盖。

干燥器一般采用变色硅胶、无水氯化钙等作干燥剂，由于各种干燥剂吸收水分的能力都有一定限度，因此干燥器中并不是绝对干燥的，只是湿度相对较低而已。所以，若在干燥器中放置的时间过长，则灼烧和干燥后的坩埚和沉淀可能会因吸收少量水分而变重，这点须引起注意。变色硅胶可以通过其颜色变化体现干燥器的干燥情况，长时间使用后，变色硅胶的蓝色将慢慢消失转变为微红色，此时干燥器失效，应该及时将变色硅胶取出到干燥烧杯中放到烘箱中烘干(此时变色硅胶又转变回到蓝色)，然后放回干燥器中。

打开干燥器时，左手按住干燥器的下部，右手按住盖子上的圆顶，向左前方推开器盖，如图 2-15 所示。盖子取下后用右手拿着或倒放在桌上安全的地方(注意磨口向上)，用左手放入(或取出)坩埚等，并及时盖上干燥器盖。加盖时，手拿住盖上圆把，推着盖好。搬动干燥器时，应该用两手的拇指同时按住盖，防止滑落打破，如图 2-16 所示。

图2-15　打开干燥器的方法

图2-16　搬动干燥器的操作

至于非晶形沉淀，其性质与晶形沉淀有所区别，相应的重量分析过程也与晶形沉淀有所不同，可在查阅有关分析方法后进行。

用有机试剂沉淀的重量分析法（如镍的丁二酮肟沉淀法）的过程一般为：

试样溶解→沉淀→陈化→过滤和洗涤→烘干至恒重→结果计算。

显然，这与晶形沉淀重量分析法的大致相同，但一般不需灼烧。灼烧反而会使换算因子增大，不利于测定。此外，沉淀过滤采用砂芯坩埚或漏斗。

这种过滤器的滤板是由玻璃粉末在高温熔结而成。按照微孔的孔径，大小分为 6 级，G1 ~ G6（或称 1 ~ 6 号），如表 2-3 所示。1 号的孔径最大，6 号孔径最小。在定量分析中，一般用 G3 ~ G5 规格（相当于慢速滤纸）过滤细晶形沉淀。使用此类滤器时，需用减压过滤。凡是烘干后即可称量或热稳定性差的沉淀（如 $AgCl$），均应采用砂芯漏斗（或坩埚）过滤。但需要注意的是，不能用此类滤器过滤强碱性溶液，以免损坏坩埚或漏斗的微孔结构。

表 2-3　砂芯漏斗（坩埚）的规格和用途

滤板编号	孔径/μm	用　途	滤板编号	孔径/μm	用　途
Gl	20 ~ 30	滤除大沉淀物及胶状沉淀物	G4	3 ~ 4	滤除液体中细的沉淀物或极细沉淀物
G2	10 ~ 15	滤除大沉淀物及气体洗涤	G5	1.5 ~ 2.5	滤除较大杆菌及酵母
G3	4.5 ~ 9	滤除细沉淀及水银过滤	G6	1.5 以下	滤除 1.4 ~ 0.6 μm 的病菌

新的滤器使用前应以热浓盐酸或铬酸洗液边抽滤边清洗，再用蒸馏水洗净。使用后的砂芯玻璃滤器，针对不同沉淀物采用适当的洗涤剂洗涤。首先用洗涤剂、水反复抽洗或浸泡玻璃滤器，再用蒸馏水冲洗干净，在 110℃ 条件下烘干，保存在无尘的柜或有盖的容器中备用。表 2-4 列出洗涤砂芯玻璃滤器的洗涤液，可供选用。

表 2-4　洗涤砂芯玻璃滤器的常用洗涤剂

沉淀物	洗涤液
$AgCl$	氨水（1:1）或 10% $Na_2S_2O_3$ 溶液
$BaSO_4$	100℃ 浓硫酸或 EDTA － NH_3 溶液（3% EDTA 二钠盐 500mL 与浓氨水 100mL 混合），加热洗涤
氧化铜	热 $KClO_4$ 或 HCl 混合液
有机物	铬酸洗液

8．结果计算

最后根据称取的称量形式的质量和待测组分的换算因素计算出待测组分的质量，进而求出待测试样中待测组分的含量。

第三节　电子分析天平

常用的分析天平有等臂（双盘）分析天平、不等臂（单盘）分析天平和电子分析天平三类。前二者是基于杠杆原理，属机械式天平，后者则是基于电磁力平衡原理。一般分析天平的分度值为 0.1mg，即可称出 0.1mg 质量或分辨出 0.1mg 的差别。微量分析天平的分度值为 0.01mg，超微量分析天平的分度值更低，为0.001mg。根据分度值大小，有时也将它们分别称为万分之一天平，十万分之一天平和百万分之一天平。分析天平的最大载荷一般为 100~200g。表 2-5 所示为常用分析天平的规格、型号。

目前基于杠杆原理的分析天平已逐渐被淘汰，取而代之的是电子分析天平。

表 2-5　常用分析天平的规格、型号

种　类	型号及生产厂家	名　称	规　格
双盘天平	TG328A	全机械加码电光天平	200g/0.1mg
	TG328B	半机械加码电光天平	200g/0.1mg
	TG332A	微量天平	20g/0.01mg
电子天平	TE124S（德国赛多利斯）	上皿式电子天平	120g/0.1mg
	TE214S（德国赛多利斯）	上皿式电子天平	210g/0.1mg
	FA1004（上海衡平）	上皿式电子天平	100g/0.1mg
	FA2004（上海衡平）	上皿式电子天平	200g/0.1mg

一、电子分析天平的构造、原理及操作方法

1. 电子分析天平的构造和原理

如上所述，电子天平是基于电磁力平衡原理来称量的天平。其原理可简述为：在磁场中放置通电线圈，若磁场强度保持不变，线圈产生的磁力大小与线圈中的电流大小成正比，如图 2-17 所示。称量时，物体产生向下的重力，线圈产生向上的电磁力，为维持两者的平衡，反馈电路系统会很快调整好线圈中的电流

大小。达到平衡时，线圈中的电流大小与物体的质量成正比。通过校正及 A/D 转换等，即可显示物体的质量。

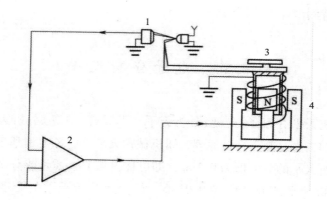

图 2-17 电子天平原理示意图

1—位置扫描器；2—反馈电路系统；3—秤盘；4—磁场与线圈

电子天平有即时称量、不需砝码、达到平衡快、直显读数、性能稳定、操作简便等特点。此外，电子天平还具有自动校正、自动去皮、超载显示、故障报警、信号输出及数据处理等功能。因此，电子天平具有机械天平无法比拟的优点。

电子天平可分为上皿式和下皿式两种。秤盘在支架上面的为上皿式，秤盘吊挂在支架下面的为下皿式，目前使用较广泛的是上皿式电子天平。市面上电子分析天平型号繁多，其主要区别在外观和面板上，功能和使用方法则大同小异。现在大多数电子天平的面板上仅设有几个键供称量时使用，若要进行其他设置，则需进入菜单后再操作。而 BT224S 型 Sartorius 电子天平的功能键基本都在面板上，如图 2-18 所示。

2. 电子天平简易操作程序

（1）调水平：调整地脚螺栓高度，使水平仪内空气气泡位于圆环中央。

（2）开机：接通电源，按开关键 ⭕ 直至全屏自检。

（3）预热：天平在初次接通电源或长时间断电之后，至少需要预热 30min。为取得理想的测量结果，天平应保持在待机状态。

（4）校正：首次使用天平必须进行校正，按校正键（CAL），BS 系列电子天平将显示所需校正砝码质量，放上砝码直至出现 g，校正结束。BT 系列电子天平自动进行内部校准直至出现 g，校正结束。

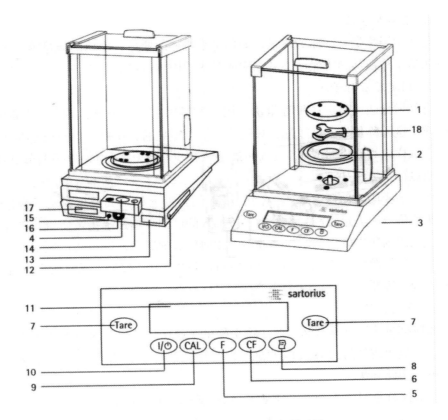

图 2-18　BT224S 型 Sartorius 电子天平

1—称盘；2—屏蔽环；3—地脚螺丝；4—水平仪；5—功能键；6—CF 清除盘；7—除皮键；
8—打印键；9—调校键；10—开关键；11—显示器；12—CMC 标签；13—具有 CE 标记的型号牌；
14—防盗装置；15—菜单；16—电源接口；17—数据接口；18—称盘支架

（5）称量：使用除皮键（Tare），除皮清零，显示为"0.0000g"后，放置样品进行称量。

（6）关机：天平应一直保持通电状态（24h），不使用时将开关键关至待机状态，使天平保持保温状态，可延长天平使用寿命。若有较长时间不再使用天平，应拔下电源插头。

二、称量方法

根据不同的称量对象和实验要求，需采用相应的称量方法和操作步骤。以下介绍几种常用的称量方法。

1. 直接称量法

此法用于称量某物体的质量，如称量小烧杯的质量、坩埚的质量等。这种称量方法适于称量洁净干燥、不易潮解或升华的固体试样。

2. 固定质量称量法

也称增量法或指定质量称量法，用于称量固定质量的某试剂（如基准物质）或试样。这种称量的速度较慢，只适于称量不易吸潮、在空气中能稳定存在的试样，且试样应为粉末状或小颗粒状（最小颗粒应小于0.1mg），以便调节其质量。固定质量称量方法如下：

将一洁净的表面皿（或小烧杯）置天平的托盘上称出其质量，然后慢慢加试样至所加量与所需量相同。称量时，若加入的试剂量超过了指定质量，则应重新称量。从试剂瓶中取出的试剂一般不应放回原试剂瓶中，以免沾污原试剂。操作时不能将试剂散落于表面皿（或小烧杯）以外的地方，称好的试剂必须定量地直接转入接受容器中。

3. 递减称量法

递减称量法简称差减法，此法用于称量质量在一定范围内的试样或试剂。易吸水、易氧化或易与 CO_2 反应的试样，可用此法称量。需平行多次称取某试剂时，也常用此方法。

用此法称量时，先借助纸片从干燥器（或烘箱）中取出称量瓶（注意：不要让手指接触称瓶和瓶盖，称量瓶应处室温。或者双手戴上干净干燥的白纱手套或橡胶手套直接持瓶操作。），如图2-19所示，用小纸片夹住称瓶盖柄，打开瓶盖，用药匙加入适量试样，盖上瓶盖。将称量瓶置于秤盘上，关好天平门，称出称量瓶及试样的准确质量（也可按清零键，使其显示0.0000g）。再将称量瓶取出，在接受容器的上方，倾斜瓶身，用称量瓶盖轻敲瓶口上部使试样慢慢落入容器中，如图2-20所示。当敲落的试样接近所需量时（一般称第2份时可根据第1份的体

图2-19　称量瓶拿法

图2-20　从称量瓶中敲出试样的操作

积估计），一边继续用瓶盖轻敲瓶口，一边逐渐将瓶身竖直，使粘附在瓶口上的试样落下，然后盖好瓶盖，把称量瓶放回天平秤盘，准确称出其质量。两次质量之差，即为试样的质量（若先清了零，则显示值即为试样质量）。若一次差减出的试样量未达到要求的质量范围，可重复相同的操作，直至合乎要求。按此方法连续递减，可称取多份试样。

三、天平操作的注意事项

（1）开、关天平，放、取被称物，开、关天平门等，都要轻、缓，切不可用力按压、冲击天平秤盘，以免损坏天平。

（2）清零和读取称量读数时，要留意天平门是否已关好。称量读数要立即记录在实验报告本中。

（3）对于热的或过冷的被称物，应置于干燥器中直至其温度同天平室温度一致后才能进行称量。

（4）天平的前门（有些天平无单独的前门）、顶门仅供安装、检修和清洁时使用，通常不要打开。

（5）在天平防尘罩内放置变色硅胶干燥剂，当变色硅胶失效后应及时更换。注意保持天平、天平台和天平室的整洁和干燥。

（6）如果发现天平不正常，应及时向教师或实验室工作人员报告，不要自行处理。称完后，应及时使天平还原，并在天平使用登记本上登记。

第三章 定量分析基本操作实验

实验一 分析天平称量练习

一、实验目的

(1)熟悉电子分析天平的工作原理和使用规则；

(2)学习电子分析天平的基本操作和常用称量方法。

二、实验原理

电子分析天平的称量原理参见本教材第二章第三节有关部分。

三、试剂和仪器

1. 试剂

石英砂、食盐或 $K_2Cr_2O_7$ 粉末试样。

2. 仪器

电子分析天平，表面皿，称量瓶，烧杯，小药匙。

四、实验步骤

1. 指定质量称量(固定质量称量)(称取 0.5000g 石英砂、食盐或 $K_2Cr_2O_7$ 试样 3 份)

按"ON/OFF"键打开电子天平，待其显示数字"0.0000"后将洁净、干燥的表面皿或小烧杯放在秤盘上(注意：拿称量器皿时手不要直接接触，可垫上滤纸条或者戴手套拿，尽量将其放在天平秤盘的中央，以使天平受力均匀，下同)，关好天平门。然后按自动清零键(即 TAR 键)，等待天平显示 0.0000g。若显示其他数字，可再按清零键，使其显示 0.0000g。

打开天平门(一般为天平右门),用小药匙将试样慢慢加到表面皿或小烧杯的中央(接近读数时,可用左手轻轻拍击右手腕使小药匙中试样慢慢滴落到表面皿或小烧杯中),直到天平显示 0.5000g。然后关好天平门,看读数是否仍然为 0.5000g。若所称量小于该值,可继续加试样;若显示的量超过该值,则需重新称量(考虑到试样粒度不够细,练习称量时最后一位可放宽要求,如称至 0.5000g ± 0.0002g 即可)。称完 1 份后,可将试样倒入回收瓶中(也可不倒,直接以此为起点继续进行称量练习),再进行第 2 次及第 3 次称量。每次称好后均应及时记录称量数据。称量数据用表 3-1 记录并处理。

2. 递减称量(差减称量法)(称取 0.30~0.35g 试样 3 份)

打开电子天平,按电子天平清零键,使其显示 0.0000g,然后打开天平门,将 1 个洁净、干燥的小烧杯(或瓷坩埚)放在秤盘上,关好天平门,读取并记录其质量(m_0),取下小烧杯待用。

按电子天平清零键,使其显示 0.0000g,然后打开天平门,将一只洁净、干燥的称量瓶,向其中加入略大于称样量的 3 倍试样(可根据称量次数估计取试样的量),盖好盖。然后将其置天平秤盘上,关好天平门,按清零键,使其显示 0.0000g。用右手(套纸条或带手套)取出称量瓶,左手拿称量瓶盖轻轻敲击倾斜的称量瓶将部分试样(约 1/3)轻敲至小烧杯中,再称量,观察天平读数是否在 -0.35~-0.30g 范围内。若敲出量不够,则继续敲出,直至读数在此范围内,并记录数据(w_1)。然后称量小烧杯的质量(m_1),比较烧杯中试样的质量($m_1 - m_0$)与从称量瓶中敲出的试样量(w_1),看其差别是否合乎要求(一般应小于 0.4mg)。若敲出量超过 0.35g,则需重新称量。重复上述操作,称取第 2 份及第 3 份试样。注意:实际实验中,仅需直接从称量瓶的减重读出并记录称量的试样量,无需称量试样接受容器(如:锥形瓶、烧杯等)。

每次递减时,可根据称量瓶中试样的量或前一次所称试样的体积来判断敲出多少试样较合适,这样有助提高称量速度。

实验称量数据用表 3-2 记录并处理。

五、实验数据处理

表 3-1　指定质量称量

编　号	1	2	3
称样量/g			

表 3-2　递减称量

编　号	1	2	3
空烧杯重(m_0)/g			
称量瓶倒出试样(w_n)/g			
空烧杯 + 试样重(m_n)/g			
烧杯增重(Δm)/g			
偏差($\Delta m - w_n$)/g			

六、思考题

(1)用分析天平称量的方法有哪几种？固定称量法和递减称量法各有何优缺点？在什么情况下选用这两种方法？

(2)称量时，应尽量将物体放在天平秤盘的中央，为什么？

(3)使用称量瓶时，为何不能用手直接持称量瓶进行称量？

(4)本实验中要求称量试样量偏差应小于 0.4mg，为什么？

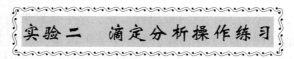

实验二　滴定分析操作练习

一、实验目的

(1)学习滴定分析常用玻璃仪器的洗涤和使用方法；

(2)学习酸式滴定管和碱式滴定管(或通用滴定管)的滴定基本操作方法；

(3)学习并掌握甲基橙和酚酞指示剂的滴定终点颜色的判断。

二、实验原理

HCl 溶液和 NaOH 溶液相互滴定时，其化学计量点的 pH 值为 7.0，若它们的浓度为 $0.1 mol \cdot L^{-1}$ 左右，滴定的 pH 值突跃范围为 4~10。在此突跃范围内变色的指示剂有甲基橙(变色范围：pH = 3.1~4.4)、甲基红(变色范围：pH = 4.4~6.2)和酚酞(变色范围：pH = 8.0~9.6)等，以它们为指示剂确定滴定终点，则能保证滴定有足够的准确性。当 HCl 溶液和 NaOH 溶液浓度一定时，滴定至终点所耗 HCl 和 NaOH 的体积比(V_{HCl}/V_{NaOH})应是一定的，但实际滴定结果可能并不完全相同，这与滴定操作和判断终点的技能有关。因此，通过多次滴定操作练习可以提高并检验滴定操作者的实验技能。

三、试剂和仪器

1. 试剂

6mol·L⁻¹HCl 溶液，固体 NaOH，甲基橙溶液（1g·L⁻¹），酚酞溶液（2g·L⁻¹乙醇溶液）。

2. 仪器

50mL 酸式滴定管（或通用滴定管），50mL 碱式滴定管（或通用滴定管），250mL 锥形瓶，50mL 烧杯，10mL 量筒，25mL 移液管。

四、实验步骤

1. 溶液配制

用洁净量筒量取 5～6mL 6mol·L⁻¹HCl 溶液，倒入装有适量蒸馏水的试剂瓶中，加蒸馏水稀释至约 300mL，盖上玻璃塞，摇匀，即得约 0.1mol·L⁻¹HCl 溶液。

称取约 1.2g 固体 NaOH 于小烧杯中，马上加入蒸馏水使之溶解，稍冷却后转入试剂瓶中，加蒸馏水稀释至约 300mL，用橡胶塞塞好瓶口，充分摇匀，得约 0.1mol·L⁻¹ NaOH 溶液。

2. 滴定操作练习

用 0.1mol·L⁻¹ NaOH 溶液润洗碱式滴定管 2～3 次（每次用 5～10mL 溶液）。然后将 NaOH 溶液倒入碱式滴定管中，调节滴定管液面至 0.00mL 刻度。

用 0.1mol·L⁻¹ HCl 溶液润洗酸式滴定管 2～3 次（每次用 5～10mL 溶液），然后将 HCl 溶液倒入滴定管中，调节液面到 0.00mL 刻度。

从碱式滴定管中放出 5～10mL NaOH 溶液于 250mL 锥形瓶中，加入 1 滴甲基橙指示剂，然后用酸式滴定管中的 HCl 溶液滴定锥形瓶中的 NaOH 溶液，进行滴定操作练习，同时观察指示剂颜色的变化。练习过程中，可在加入过量 HCl 溶液后再用 NaOH 溶液滴定 HCl 溶液，或在补加 NaOH 溶液后用 HCl 溶液滴定，如此反复或交替滴定，直至操作比较熟练后，再进行下面的实验。

3. HCl 溶液与 NaOH 溶液相互滴定

1）用 HCl 溶液滴定 NaOH 溶液

由碱式滴定管中准确放出一定体积（20～25mL）NaOH 溶液于锥形瓶中（注

意：放出溶液时一般以每秒滴入 3~4 滴溶液为宜，若溶液放出速度较快，则应稍等一下后再读数，不要刻意放出相同体积!），加入 1 滴甲基橙指示剂，用 $0.1mol \cdot L^{-1}$ HCl 溶液滴定至黄色转变为橙色，记下读数。如此操作，再滴定 2 份。计算体积比 V_{HCl}/V_{NaOH}，要求相对偏差在 ±0.3% 以内。

2）用 NaOH 溶液滴定 HCl 溶液

用移液管准确移取 25.00mL $0.1mol \cdot L^{-1}$ HCl 溶液于 250mL 锥形瓶中，加 2~3 滴酚酞指示剂，用 $0.1mol \cdot L^{-1}$ NaOH 溶液滴定至溶液呈微红色，并保持 30s 不褪色即为终点。如此平行滴定 3 份，要求各次所消耗 NaOH 溶液体积的最大差值不超过 ±0.04mL。

以上实验滴定数据分别用表 3-3 和表 3-4 记录并处理。

五、实验数据处理

表 3-3　HCl 溶液滴定 NaOH 溶液(指示剂：甲基橙)

编　号	1	2	3
V_{NaOH}/mL			
V_{HCl}/mL			
V_{HCl}/V_{NaOH}			
V_{HCl}/V_{NaOH} 平均值			
绝对偏差			
相对平均偏差(RAD)/%			

表 3-4　NaOH 溶液滴定 HCl 溶液(指示剂：酚酞)

编　号	1	2	3
V_{HCl}/mL	25.00	25.00	25.00
V_{NaOH}/mL			
V_{NaOH} 的极差/mL			

六、思考题

（1）配制 NaOH 溶液时，称取 NaOH 固体时用普通托盘天平而不是用电子分析天平称取试剂？为什么？

（2）能直接配制准确浓度的 HCl 溶液和 NaOH 溶液吗？为什么？

（3）在滴定分析实验中，滴定管、移液管为何需要用滴定剂和要移取的溶液润洗？滴定中使用的锥形瓶是否也要用待滴试液润洗？为什么？

（4）为什么用 HCl 溶液滴定 NaOH 溶液时一般采用甲基橙指示剂，而用 NaOH 溶液滴定 HCl 溶液时宜采用酚酞为指示剂？

一、实验目的

（1）了解容量仪器校准的意义；

（2）学习滴定管、容量瓶的校准及移液管和容量瓶的相对校准方法。

二、实验原理

滴定管、移液管、吸量管和容量瓶等准确计量的玻璃仪器，其刻度和标示容量与实际值并不完全相符（存在允差等）。因此，对于准确度要求较高的分析测试，有必要对所使用的容量仪器进行校准。尤其在采购这些仪器时，必须对所采购的容量仪器进行校准，以免购入劣质玻璃仪器。

容量仪器的校准方法有称量法和相对校准法。称量法是指用分析天平称量被校量器量入或量出的纯水的质量优，再根据纯水的密度 ρ 计算出被校量器的实际容量。

各种量器上标出的刻度和容量，一般为 20℃时量器的容量。但在实际校准时，温度不一定是 20℃，且容器中纯水的质量是在空气中称量的。因此，用称量法校准时须考虑三种因素的影响，即空气浮力所致称量质量的改变，纯水的密度随温度的变化和玻璃容器本身容积随温度的变化，并加以校正。由于玻璃的膨胀系数极小，在温度相差不太大时其容量变化可以忽略。

表 3-5 所示为不同温度时纯水的密度（g·mL^{-1}）。据此可计算其他玻璃容量仪器的校正值。如某支 25mL 移液管在 25℃放出的纯水质量为 24.921g，纯水的密度为 0.99617g·mL^{-1}，则该移液管在 20℃时的实际容积为：

$$V_{20} = 24.921g/0.99617g·mL^{-1} = 25.02mL$$

这支移液管的校正值为 25.02mL – 25.00mL = +0.02mL。

需要指出的是，校准不当和使用不当都会产生容量误差，其误差甚至可能超过允差或量器本身的误差。因此，在校准时必须正确、仔细地进行操作。凡要使用校准值的，校准次数不应少于两次，且两次校准数据的偏差应不超过该量器容量允许偏差的1/4，并取其平均值作为校准值。

表3-5 不同温度下纯水的密度

温度/℃	密度/g·mL^{-1}	温度/℃	密度/g·mL^{-1}	温度/℃	密度/g·mL^{-1}
10	0.99839	19	0.99734	28	0.99544
11	0.99833	20	0.99718	29	0.99518
12	0.99824	21	0.99700	30	0.99491
13	0.99815	22	0.99680	31	0.99464
14	0.99804	23	0.99660	32	0.99434
15	0.99792	24	0.99638	33	0.99406
16	0.99778	25	0.99617	34	0.99375
17	0.99764	26	0.99593	35	0.99345
18	0.99751	27	0.99569		

有时，只要求两种容器之间有一定的比例关系，而无需知道它们各自的准确体积，这时可用容量相对校准法。经常配套使用的移液管和容量瓶，采用相对校准法更为重要。例如，用25mL移液管移取蒸馏水于干净且干燥的100mL容量瓶中，到第4次重复操作后，观察瓶颈处蒸馏水的弯月面下缘是否刚好与刻线上缘相切。若不相切，应重新作一记号为标线，以后此移液管和容量瓶配套使用时就用校准的标线。若想更全面、详细地了解容量仪器的校准，可参考相关手册。

三、试剂和仪器

分析天平，50mL滴定管，100mL容量瓶，25mL移液管，50mL锥形瓶（带磨口玻璃塞）。

四、实验步骤

1. 滴定管的校准

取一洗净且外表干燥的带磨口玻璃塞的锥形瓶，用分析天平称出空瓶质量，可只记录至0.001g位。再向已洗净的滴定管中加纯水，并将液面调至0.00mL刻度或稍低处，然后从滴定管中放出一定体积（如放出10mL）的纯水于已称量的锥形瓶中，盖紧塞子（锥形瓶磨口部位不要沾到水），称出其质量，两次质量之差即为放出纯水的质量。放水时滴定管滴嘴应与锥形瓶内壁接触，以便收集管尖余液，放完等 1 min 后再准确读数。用此法称量每次从滴定管中放出的约 5mL 或 10mL 纯水（记为 V_0）的质量，直到放至 50mL，用每次称得的纯水的质量除以实验水温时纯水的密度，即可得到滴定管各部分的实际容量 V_{20}。重复校准一次，两次相应区间纯水的质量相差应小于 0.02g，求出平均值，并计算校准值 $\Delta(V_{20} - V_0)$。实验数据用表 3-7 记录并处理。

表 3-6 所示为在水温 21℃校准的一支 50mL 滴定管的部分实验数据。最后一项为总校正值，等于前面几次校正值的代数和。校准时也可每次都从滴定管的 0.00mL 刻度或稍低处开始分别放不同体积（如 10mL、20mL、30mL）的纯水后称量，求得总校正值。

表 3-6　50mL 滴定管校正表（水温 21℃，纯水的密度为 $0.99700 \text{g} \cdot \text{mL}^{-1}$）

滴定管读数/ mL	读数的容积/ mL	$m_{瓶+纯水}$ /g	$m_{纯水}$/ g	V_{20}/ mL	ΔV 校正值/ mL	总校正值/ mL
0.03	29.200（空瓶）					
10.13	10.10	39.280	10.080	10.12	+0.02	+0.02
20.10	9.97	49.190	9.910	9.95	-0.02	0.00
30.17	10.07	59.270	10.080	10.12	+0.05	+0.05
40.20	10.03	69.240	9.970	10.01	-0.02	+0.03
49.99	9.79	79.070	9.830	9.87	+0.08	+0.11

移液管和吸量管也可采用上述称量法进行校准。用称量法校准容量瓶时，不必用锥形瓶称量，且称准至 0.01g 即可。

2. 移液管和容量瓶的相对校准

用洁净的 25mL 移液管移取纯水于干净且晾干的 100mL 容量瓶中，重复操作 4 次后，观察液面的弯月面下缘是否恰好与标线相切，若不相切，则用胶布在瓶颈上另作标记，在以后的实验中，若此移液管和容量瓶配套使用，以新标记为准。

五、实验数据处理

表 3-7　滴定管校正

滴定管读数/ mL	读数的容积/ mL	$m_{瓶+纯水}$/ g	$m_{纯水}$/ g	V_{20}/ mL	ΔV 校正值/ mL	总校正值/ mL

六、思考题

（1）校准滴定管时，锥形瓶和纯水的质量只需称准到0.001g，为什么？

（2）容量瓶校准时为什么需要晾干？在用容量瓶配制标准溶液时是否也要晾干？

（3）在实际分析工作中如何应用滴定管的校准值？

（4）怎样用称量法校准移液管？

第四章　酸碱滴定实验

实验一　工业碱总碱度测定

一、实验目的

(1)学习 HCl 标准溶液的配制及标定；

(2)学习定量转移操作方法；

(3)学习工业碱总碱度的测定方法。

二、实验原理

工业碱是重要的化工原料之一，一般是指三碱：碳酸钠、工业烧碱(氢氧化钠)、工业重碱(碳酸氢钠)。广泛应用于轻工日化、建材、化学工业、食品工业、冶金、纺织、石油、国防、医药等领域，用作制造其他化学品的原料、清洗剂、洗涤剂，也用于照相术和分析领域。其总碱度的测定主要采用酸碱滴定法，以甲基橙(变色范围：$pH = 3.1 \sim 4.4$)为指示剂，用 HCl 标准溶液滴定工业碱试液，终点时溶液由黄色变为橙色。

滴定反应方程式为：

$$Na_2CO_3 + 2HCl = 2NaCl + CO_2\uparrow + H_2O$$

三、试剂及仪器

1. 试剂

$6mol \cdot L^{-1}$ HCl，无水 Na_2CO_3 基准物质，甲基橙($1g \cdot L^{-1}$)，工业纯碱。

2. 仪器

电子分析天平(感量 0.1mg)，50mL 酸式滴定管，100mL 容量瓶，250mL 锥

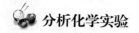

形瓶，25mL 移液管等。

四、实验步骤

1. $0.1mol \cdot L^{-1}$ HCl 溶液的配制

量取约 4.5mL6mol $\cdot L^{-1}$ HCl 于试剂瓶中，加蒸馏水约 250mL，摇匀。

2. $0.1mol \cdot L^{-1}$ HCl 溶液的标定

用递减称量法准确称取 3 份无水 Na_2CO_3 基准物(0.12 ~ 0.16g)于锥形瓶中，加 20 ~ 30mL 水溶解，加 1 ~ 2 滴甲基橙，用待标定的 HCl 溶液滴定至溶液由黄色变为橙色为终点，记下滴定所耗 HCl 溶液体积，平行滴定 3 份，计算 HCl 溶液的准确浓度。标定实验数据用表 4 - 1 记录并处理。

3. 总碱度的测定

准确称取 0.6 ~ 0.8g 工业碱试样于 100mL 烧杯中，加少量水使其溶解，将其定量转移至 100mL 容量瓶中，稀释至刻度，摇匀(如有必要，可配制 250mL 试液)。准确移取 25.00mL 试液于 250mL 锥形瓶中，加 1 ~ 2 滴甲基橙，用 $0.1mol \cdot L^{-1}$ HCl标准溶液滴定至溶液由黄色变为橙色为终点，平行滴定 3 次。计算工业碱试样的总碱度(以 Na_2CO_3 % 表示)。测定数据用表 4 - 2 记录并处理。

五、实验数据处理

表 4 - 1　$0.1mol \cdot L^{-1}$ HCl 溶液的标定

编号	1	2	3
Na_2CO_3 基准物质/g			
V_{HCl}/mL			
c_{HCl}/mol $\cdot L^{-1}$			
c_{HCl}平均值 /mol $\cdot L^{-1}$			
绝对偏差 /mol $\cdot L^{-1}$			
平均偏差 /mol $\cdot L^{-1}$			
相对平均偏差 RAD /%			

表4-2　工业碱总碱度的测定

编号	1	2	3
$m_{工业碱}$/g			
V_{HCl}/mL			
$w_{Na_2CO_3}$/%			
$w_{Na_2CO_3}$平均值/%			
绝对偏差/%			
平均偏差/%			
RAD /%			

六、思考题

(1)本实验能否采用酚酞为指示剂测定工业碱的总碱度？为什么？

(2)无水 Na_2CO_3 保存不当，吸水，用此基准物质标定盐酸溶液浓度时，对结果有何影响？

实验二　食用醋总酸度的测定

一、实验目的

(1)了解强碱滴定弱酸过程中溶液滴定突跃(pH 值变化范围)以及指示剂的选择；

(2)学习食用醋中总酸度的测定方法。

二、实验原理

食用醋的主要酸性物质是醋酸(HAc)，此外还含有少量其他有机弱酸，如乳酸等。醋酸的离解常数 $Ka = 1.8 \times 10^{-5}$，用 NaOH 标准溶液滴定醋酸，化学计量点的 pH 值约为8.7，可选用酚酞为指示剂，滴定终点时溶液由无色变为微红色。滴定时，不仅 HAc 与 NaOH 反应，食用醋中可能存在的其他有机酸也同时与 NaOH 反应，故滴定所得为总酸度，以 ρ_{HAC}(g · L^{-1})表示。

三、试剂和仪器

1. 试剂

NaOH（分析纯）。邻苯二甲酸氢钾（$KHC_8H_4O_4$）基准试剂，酚酞指示剂（2g·L^{-1}，乙醇溶液），食用醋试液。

2. 仪器

（1）常量滴定：50mL 酸式滴定管，250mL 容量瓶，25.00mL 移液管，250mL 锥形瓶等。

（2）微型滴定：5.000mL 微型滴定管，2.00mL 移液管，25mL 锥形瓶等。

四、实验步骤

1. 0.1mol·L^{-1} NaOH 溶液的配制

用普通托盘天平称取约 1.0g NaOH 固体于 250mL 烧杯中，加 250mL 蒸馏水溶解后，用玻棒搅拌均匀，转移至试剂瓶中，用橡胶塞塞好瓶口，充分摇匀，得约 0.1mol·L^{-1} NaOH 溶液。

2. 0.1mol·L^{-1} NaOH 溶液的标定

1）常量滴定

用差减法准确称取 0.4~0.6g 邻苯二甲酸氢钾基准物质（$KHC_8H_4O_4$）3 份于 250mL 锥形瓶，加 40~50mL 蒸馏水溶解，加入 2~3 滴酚酞指示剂。用待标定的 NaOH 溶液滴至溶液呈微红色且 30s 内不褪色，即为终点。平行标定 3 份，计算 NaOH 溶液的准确浓度。

2）微型滴定

准确称取 1.0g 左右邻苯二甲酸氢钾基准物质于 50mL 烧杯中，加 15mL 蒸馏水溶解后，定量转移至 50mL 容量瓶中，用蒸馏水稀释至刻度，摇匀。用移液管移取 2.00mL 该邻苯二甲酸氢钾标准溶液于 25mL 锥形瓶中，加入 5mL 蒸馏水，1 滴酚酞指示剂，用上述待标定的 NaOH 标准溶液滴至溶液呈微红色且 30s 内不褪色，即为终点。平行标定 3 份，计算 NaOH 溶液的准确浓度。

标定实验数据用表 4-3 记录并处理。

3. 食用醋总酸度的测定

1）常量滴定

准确移取食用白醋 25.00mL 于 250mL 容量瓶中，用新煮沸并冷却的蒸馏水稀释至刻度，摇匀。用移液管移取 25.00mL 上述稀释后的试液于 250mL 锥形瓶中，加入 2~3 滴酚酞指示剂。用上述 0.1mol·L^{-1} NaOH 标准溶液滴至溶液呈微红色且 30s 内不褪色，即为终点。平行测定 3 份，计算食用醋总酸度 ρ_{HAC}（g·L^{-1}）。

2）微型滴定

准确移取食用醋试液 5.00mL 于 50mL 容量瓶中，用新煮沸并冷却的蒸馏水稀释至刻度，摇匀。用移液管移取 2.00mL 上述稀释后的试液于 25mL 锥形瓶中，加入 5mL 蒸馏水，1 滴酚酞指示剂。用上述 0.1mol·L^{-1} NaOH 标准溶液滴至溶液呈微红色且 30s 内不褪色，即为终点。平行滴定 3 份，计算食用醋总酸度 ρ_{HAC}（g·L^{-1}）。

以上实验测定数据用表 4-4 记录并处理。

五、实验数据处理

表 4-3 KHC$_8$H$_4$O$_4$ 标定 NaOH 溶液

编号	1	2	3
KHC$_8$H$_4$O$_4$/g			
V_{NaOH}/mL			
c_{NaOH}/mol·L^{-1}			
c_{NaOH}平均值/mol·L^{-1}			
绝对偏差/mol·L^{-1}			
平均偏差/mol·L^{-1}			
RAD/%			

表 4-4 食用醋总酸度的测定

编号	1	2	3
食用白醋/mL			
食用白醋稀释液/mL			
V_{NaOH}/mL			
ρ_{HAC}/g·L^{-1}			
ρ_{HAC}平均值/g·L^{-1}			
绝对偏差/g·L^{-1}			
平均偏差/g·L^{-1}			
RAD/%			

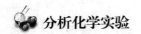

六、思考题

(1)以 NaOH 溶液滴定 HAc 溶液，属于哪类滴定？怎样选择指示剂？
(2)测定醋酸含量时，所用的蒸馏水需煮沸，为什么？

实验三 果蔬类食品中总酸度的测定

一、实验目的

(1)学习 NaOH 标准溶液的配制及标定；
(2)学习强碱滴定脐橙等果蔬食品总酸度的滴定过程，突跃范围及指示剂的选择。

二、实验原理

果蔬食品中的有机酸直接影响食品的香味、颜色、稳定性和质量的好坏。有机酸是果蔬食品所固有的，其相对含量，随其成熟程度和生长条件不同而异。果蔬中的有机酸主要包括苹果酸、酒石酸、柠檬酸和琥珀酸等，不同果蔬中含有的有机酸成分各不相同。

根据酸碱中和原理，以酚酞为指示剂，用 NaOH 标准溶液滴定果蔬中的有机酸，根据滴定消耗 NaOH 标准溶液的浓度和体积计算果蔬食品中的总酸度(即有机酸总含量)。

分析不同果蔬中总酸时，应以不同有机酸含量来计算，如：分析葡萄时用酒石酸计算，分析柑橘类果实和越橘科浆果时用柠檬酸计算，分析仁果、核果类时按苹果酸计算。

三、试剂和仪器

1. 试剂

NaOH 溶液($0.1\,mol \cdot L^{-1}$，$0.01\,mol \cdot L^{-1}$)，邻苯二甲酸氢钾($KHC_8H_4O_4$)基准试剂，酚酞指示剂($2\,g \cdot L^{-1}$，乙醇溶液)，果蔬食品或果汁食品。

2. 仪器

组织捣碎机，水浴锅，研钵，冷凝管，电子分析天平，50mL 酸式滴定管，

250mL容量瓶，250mL、500mL锥形瓶，25mL移液管等。

四、实验步骤

1. $0.1\,mol\cdot L^{-1}$ NaOH溶液的配制

称取约1.2g NaOH固体于500mL烧杯中，加300mL蒸馏水溶解后，用玻棒搅拌均匀，转移至试剂瓶中，用橡胶塞塞好瓶口，充分摇匀，得约$0.1\,mol\cdot L^{-1}$ NaOH溶液。

2. $0.1\,mol\cdot L^{-1}$ NaOH溶液的标定

用差减法准确称取$0.4\sim0.6$g邻苯二甲酸氢钾基准物质（$KHC_8H_4O_4$）3份于250mL锥形瓶，加$40\sim50$mL蒸馏水溶解，加入$2\sim3$滴酚酞指示剂。用待标定的$0.1\,mol\cdot L^{-1}$ NaOH溶液滴至溶液呈微红色且30s内不褪色，即为终点。平行滴定3份，计算NaOH溶液的准确浓度。标定实验数据用表4-5记录并处理。

3. 试样的制备

1）液体样品

不含二氧化碳的样品充分混匀。

含二氧化碳的样品按下述方法排除二氧化碳：取至少200mL充分混匀的样品，置于500mL锥形瓶中，旋摇至基本无气泡装上冷凝管，置于水浴锅中。待水沸腾后保持10min，取出，冷却。

2）固体样品

去除不可食部分，取有代表性的样品至少200g，置于研钵或组织捣碎机中，加入与试样等量的水，研碎或捣碎，混匀。

3）固液体样品

按样品的固体、液体比例至少取200g，去除不可食部分，用研钵或组织捣碎机研碎或捣碎，混匀。

4. 试液的制备

取$25\sim50$g试样，精确至0.001g，置于250mL容量瓶中，用水稀释至刻度，含固体的样品至少放置30min（摇动$2\sim3$次）。用快速滤纸或脱脂棉过滤，收集滤液于250mL锥形瓶中备用。

总酸度低于$0.7\,g\cdot kg^{-1}$的液体样品，混匀后可直接取样测定。

5. 样品测定

准确移取$25.00\sim50.00$mL试液，使之含$0.035\sim0.070$g酸，置于150mL烧杯中。加$40\sim60$mL水及$2\sim3$滴$2\,g\cdot L^{-1}$酚酞指示剂，用$0.1\,mol\cdot L^{-1}$氢氧化钠

标准滴定溶液(如样品酸度较低,可用 0.01 mol·L^{-1} 或 0.05 mol·L^{-1}氢氧化钠标准溶液)滴定至微红色 30 s 不褪色。记录消耗 0.1 mol·L^{-1}氢氧化钠标准溶液的毫升数(V_1),平行测定 2~3 次。样品测定数据用表 4-6 记录并处理。

6. 空白试验

用水代替试液进行上述实验。记录消耗 0.1 mol·L^{-1}氢氧化钠标准滴定溶液的毫升数(V_2)。

五、实验数据处理

总酸以每公斤(或每升)样品中酸的克数表示,按下式计算:

$$X = \frac{C(V_1 - V_2)KF \times 1000}{m} \times 100\%$$

式中 X——每千克(或每升)样品中酸的克数,g·kg^{-1}(或 g·L^{-1});

C——氢氧化钠标准滴定溶液的浓度,mol·L^{-1};

V_1——滴定试液时消耗氢氧化钠标准滴定溶液的体积,mL;

V_2——空白试验时消耗氢氧化钠标准滴定溶液的体积,mL;

F——试液的稀释倍数;

m——试样质量,g 或 mL;

K——酸的换算系数。各种酸的换算系数分别为:苹果酸,0.067;乙酸,0.060;酒石酸,0.075;柠檬酸,0.064;柠檬酸,0.070;乳酸,0.090;盐酸,0.036;磷酸,0.033。

表 4-5 KHC$_8$H$_4$O$_4$ 标定 NaOH 溶液

编号	1	2	3
$m_{KHC_8H_4O_4}$/g			
V_{NaOH}/mL			
c_{NaOH}/mol·L^{-1}			
c_{NaOH}平均值/mol·L^{-1}			
绝对偏差/mol·L^{-1}			
平均偏差/mol·L^{-1}			
RAD/%			

表 4-6　总酸度的测定

编　号	1	2	3
m/g			
V_1/mL			
V_2/mL			
总酸度 $X/g \cdot kg^{-1}$			
总酸度平均值/$g \cdot kg^{-1}$			
绝对偏差/$g \cdot kg^{-1}$			
平均偏差/$g \cdot kg^{-1}$			
$RAD/\%$			

六、思考题

1. 本实验能否采用甲基橙作指示剂？为什么？
2. 测定液体试样的总酸度是为什么要驱赶 CO_2？

实验四　阿司匹林药片中乙酰水杨酸含量的测定

一、实验目的

1. 学习返滴定法的原理与操作；
2. 学习阿司匹林药片中乙酰水杨酸含量的测定方法。

二、实验原理

阿司匹林曾经是广泛使用的解热镇痛药，它的主要成分是乙酰水杨酸。乙酰水杨酸是有机弱酸（$pK_a = 3.0$），摩尔质量为 $180.16g \cdot mol^{-1}$，微溶于水，易溶于乙醇。在 NaOH 或 Na_2CO_3 等强碱性溶液中溶解并分解为水杨酸（即邻羟基苯甲酸）和乙酸盐：

由于它的 pK_a 值较小，可以作为一元酸用 NaOH 溶液直接滴定，以酚酞为指示剂。为了防止乙酰基水解，应在 10℃ 以下的中性冷乙醇介质中进行滴定，滴定反应为：

直接滴定法适用于乙酰水杨酸纯品的测定，而药片中一般都混有淀粉等不溶物，在冷乙醇中不易溶解完全，不宜直接滴定，可以利用上述水解反应，采用返滴定法进行测定。药片研磨成粉状后加入过量的 NaOH 标准溶液，加热一定时间使乙酰基水解完全，再用 HCl 标准溶液回滴过量的 NaOH，以酚酞的粉红色刚刚消失为终点。在这一滴定中，1mol 乙酰水杨酸消耗 2mol NaOH。

根据滴定反应的计量关系，可知乙酰水杨酸含量的计算式为：

$$\tilde{w} = \frac{\frac{1}{2}\left[(CV_2)_{HCl} - (CV_1)_{HCl}\right] \times M \times 10^{-3}}{m \times \frac{10}{100}} \times 100\%$$

式中　V_1——试样测定消耗 HCl 体积；

　　　V_2——空白试验消耗 HCl 体积。

三、试剂和仪器

1. 试剂

NaOH 溶液（500mL，1mol·L^{-1}），HCl 溶液（500mL，0.1mol·L^{-1}），酚酞指示剂（2g·L^{-1}，乙醇溶液），无水 Na$_2$CO$_3$ 基准试剂，阿司匹林药片。

2. 仪器

（1）玻璃仪器：50mL 碱式滴定管（或两用滴定管），25mL 移液管，100mL 塑料烧杯，250mL 容量瓶，表面皿，称量瓶。

（2）电子分析天平、电炉、研钵、水浴锅等。

四、实验步骤

1. 1mol·L^{-1} NaOH 溶液的配制

称取约 4g NaOH 固体于 250mL 烧杯中，加入 100mL 新鲜的或煮沸除去 CO$_2$

的蒸馏水,溶解完全后,转入带橡皮塞的试剂瓶中。

2. 0.1mol·L^{-1} HCl 溶液的配制和标定

1)溶液配制

在通风橱中用洁净量筒取约 4.5mL 浓 HCl 溶液,倒入装有适量蒸馏水的试剂瓶中,加蒸馏水稀释至约 500mL,盖上玻璃塞,摇匀,即得 0.1mol·L^{-1} HCl 溶液。

2)以无水 Na_2CO_3 基准物质标定

用差减法准确称取 0.13～0.15g 基准 Na_2CO_3,置于 250mL 锥形瓶中,加入 20～30mL 蒸馏水使之溶解后,滴加 1 滴甲基橙指示剂,用待标定的 HCl 溶液滴定,溶液由黄色变为橙色即为终点。平行滴定 3 份,根据所消耗的 HCl 体积,计算 HCl 溶液的准确浓度。标定实验数据用表4-7记录并处理。

3. 药片中乙酰水杨酸含量的测定

将阿司匹林药片研成粉末后,准确称取约 0.6g 药粉于干燥的 100mL 塑料烧杯中,用移液管准确加入 25.00mL 1mol·L^{-1} NaOH 标准溶液后,用量筒加 30mL 蒸馏水,盖上表面皿,轻摇几下,置近沸水浴加热 15 min,迅速用流水冷却,将烧杯中的溶液定量转移至 100mL 容量瓶中,用蒸馏水稀释至刻度,摇匀。

准确移取上述试液 10.00mL 于 250mL 锥形瓶中,加 20～30mL 蒸馏水,2～3滴酚酞指示剂,用 0.1mol·L^{-1} HCl 标准溶液滴至红色刚好消失即为终点,记录滴定所消耗的 HCl 溶液的体积(V_1)。平行测定 3 份。测定数据用表4-8记录并处理。

4. 空白试验

空白试验的目的是为了校正试样测定加热过程中 NaOH 吸收空气中 CO_2 对测定的影响。

用移液管准确移取 25.00mL 1mol·L^{-1} NaOH 溶液于 100mL 塑料烧杯中,在与测定药粉相同的实验条件下进行加热,冷却后,定量转移至 100mL 容量瓶中,稀释至刻度,摇匀。准确移取上述试液 10.00mL 于 250mL 锥形瓶中,加 20～30mL 蒸馏水,2～3滴酚酞指示剂,用 0.1mol·L^{-1} HCl 标准溶液滴至红色刚刚消失即为终点,记录滴定所消耗 HCl 标准溶液的体积(V_2)。平行测定 3 份。

五、实验数据处理

表4-7　0.1mol·L^{-1} HCl 溶液的标定

编　号	1	2	3
基准 Na_2CO_3/g			

续表

编　号	1	2	3
V_{HCl}/mL			
c_{HCl}/mol · L^{-1}			
c_{HCl}平均值/mol · L^{-1}			
绝对偏差/mol · L^{-1}			
平均偏差/mol · L^{-1}			
RAD/%			

表 4-8　药片中乙酰水杨酸含量的测定

编　号	1	2	3
阿司匹林药品/g			
试样测定消耗 HCl 体积 V_1/mL			
空白试验消耗 HCl 体积 V_2/mL			
$w_{乙酰水杨酸}$/%			
$w_{乙酰水杨酸}$平均值/%			
每片药品中乙酰水杨酸含量/mg			
绝对偏差/%			
平均偏差/%			
RAD/%			

六、思考题

（1）在测定药片的实验中，为什么 1mol 乙酰水杨酸消耗 2mol NaOH，而不是 3mol NaOH？返滴定后的溶液中，水解产物的存在形式是什么？

（2）用返滴定法测定乙酰水杨酸，为何须做空白试验？

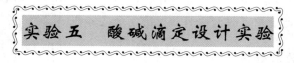

实验五　酸碱滴定设计实验

一、实验目的

培养学生查阅有关资料的能力。运用所学知识及有关参考资料对实际试样写出实验方案设计。在教师指导下对各种混合酸碱体系的组成含量进行分析，培养学生分析问题、解决问题的能力，以提高综合素质。

二、要　求

（1）提前一周将待测混合酸碱体系交学生选择，学生根据所查阅的资料自拟分析方案并交教师审阅后，进行实验工作，写出实验报告。

（2）在设计混合酸碱组分测定方法时，主要应考虑下面几个问题：

①有几种测定方法？选择一种最优方案。

②设计方法的原理：包括准确分步（分别）滴定的判别；滴定剂选择；计量点 pH 值的计算及指示剂的选择；分析结果的计算公式。

③所需试剂的用量、浓度，配制方法。

④实验步骤。

⑤实验数据记录与处理。

⑥实验结果讨论。

三、实验方案设计参考选题

（1）$H_3PO_4 - NaH_2PO_4$ 混合液中各组分的测定（双指示法）；

（2）$NaH_2PO_4 - Na_2HPO_4$ 混合液中各组分的测定（双指示法）；

（3）$NaOH - Na_3PO_4$ 混合液中各组分的测定（双指示法）；

（4）$NaOH - Na_2CO_3$ 混合液中各组分的测定（双指示法）；

（5）$NaHCO_3 - Na_2CO_3$ 混合液中各组分的测定（双指示法）。

参考实验方案　$NaOH - Na_3PO_4$ 混合碱液中各组分的测定（双指示法）

一、实验目的

（1）培养查阅及运用参考资料对实际试样进行方案设计能力；

（2）学习 $NaOH - Na_3PO_4$ 混合碱液中各组分的测定方法。

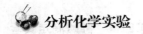

二、实验原理

第一终点:

$$NaOH + HCl \Longrightarrow NaCl + H_2O$$

$$Na_3PO_4 + HCl \Longrightarrow Na_2HPO_4 + H_2O$$

终点时 pH≈9.7,以百里酚酞作指示剂(变色范围 pH = 10.6 ~ 9.4)(蓝色→无色);

第二终点:

$$Na_2HPO_4 + HCl \Longrightarrow NaH_2PO_4 + H_2O$$

终点时 pH≈4.4,以甲基橙作指示剂(变色范围 pH = 4.4 ~ 3.1)(黄色→橙色)

三、试剂和仪器

1. 试剂

6mol·L⁻¹HCl,无水 Na₂CO₃ 基准物质,百里酚酞(0.1%,乙醇溶液),甲基橙(1g·L⁻¹),

混合碱溶液。

2. 仪器

电子分析天平,50mL 酸式滴定管,25.00mL 移液管,250mL 容量瓶等。

四、实验步骤

1. 0.1mol·L⁻¹ HCl 溶液的配制

量取约 5mL 6mol·L⁻¹ HCl 于试剂瓶(或 250mL 容量瓶)中,加蒸馏水约 250mL,摇匀。

2. 0.1mol·L⁻¹ HCl 溶液的标定

用差减法准确称取 0.13 ~ 0.15g Na₂CO₃ 基准试剂于 250mL 锥形瓶中,加入 20 ~ 30mL 蒸馏水使之溶解后,加 1 滴甲基橙指示剂,用待标定的 HCl 溶液滴定至溶液由黄色变为橙色即为终点。平行滴定 3 份,根据所消耗的 HCl 体积,计算 HCl 溶液的准确浓度。标定实验数据用表 4-9 记录并处理。

3. 混合碱的测定

准确移取 25.00mL 混合碱试液于锥形瓶中,加 2 滴百里酚酞指示剂,用已标定的 0.1mol·L⁻¹ HCl 标准溶液滴定至溶液由蓝色变无色为第一终点,消耗盐酸

体积 V_1。在溶液中加入 2 滴甲基橙指示剂，继续用 $0.1\ mol \cdot L^{-1}$ HCl 标准溶液滴定至溶液由黄色变橙色为第二终点，消耗盐酸体积 V_2。平行测定 3 次，计算混合试液中 NaOH 和 Na_3PO_4 的含量（$g \cdot L^{-1}$）。测定数据用表 4-10 记录并处理。

五、实验数据处理

表 4-9　$0.1\ mol \cdot L^{-1}$ HCl 溶液标定

编　号	1	2	3
基准 Na_2CO_3/g			
V_{HCl}/mL			
c_{HCl}/mol $\cdot$ L^{-1}			
c_{HCl} 平均值/mol $\cdot$ L^{-1}			
绝对偏差/mol $\cdot$ L^{-1}			
平均偏差/mol $\cdot$ L^{-1}			
RAD/%			

表 4-10　混合碱的测定

编　号	1	2	3
$V_{试样}$/mL			
V_1（HCl）/mL			
V_2（HCl）/mL			
NaOH 含量/g $\cdot$ L^{-1}			
NaOH 平均含量/g $\cdot$ L^{-1}			
Na_3PO_4 含量/g $\cdot$ L^{-1}			
Na_3PO_4 平均含量/g $\cdot$ L^{-1}			
测定 NaOH 的 RAD/%			
测定 Na_3PO_4 的 RAD/%			

六、思考题

（1）为什么可以采用双指示剂法测定 NaOH – Na_3PO_4 混合碱液中各组分的含量？

（2）除上述两种指示剂外，还有其他指示剂可以选择吗？

第五章 络合滴定实验

实验一 自来水总硬度的测定

一、实验目的

(1)学习络合滴定法的原理及其应用;

(2)学习用络合滴定法测定水硬度;

(3)了解水硬度的含义及其测定的实际意义。

二、实验原理

水硬度分为水的总硬度和钙、镁硬度两种,前者是指 Ca^{2+}、Mg^{2+} 总量,后者则分别为 Ca^{2+} 和 Mg^{2+} 的含量。用 EDTA 络合滴定法测定水的总硬度时,可在 pH = 10 的氨性缓冲溶液中,以铬黑 T 为指示剂,用三乙醇胺掩蔽水中的 Fe^{3+}、Al^{3+}、Cu^{2+}、Pb^{2+}、Zn^{2+} 等共存离子,再用 EDTA 直接滴定水中的 Ca^{2+}、Mg^{2+} 的总量。化学计量点前 Ca^{2+}、Mg^{2+} 与 EBT 生成紫红色络合物,当用 EDTA 滴定至化学计量点时,游离出指示剂(铬黑 T),溶液呈现纯蓝色。

需要注意的是,在滴定水中的 Ca^{2+}、Mg^{2+} 总量时,若水中 Mg^{2+} 的浓度很小,则需在滴定前向水样中加入少量 Mg^{2+}–EDTA 溶液,以提高滴定终点颜色变化的灵敏度。

各国表示水硬度的方法不尽相同,我国采用 mmol($CaCO_3$)·L^{-1} 或 mg($CaCO_3$)·L^{-1} 为单位表示水的硬度。

食用水硬度过高会导致结石等疾病,危害人类身体健康。我国自来水水质国家标准(GB 5749—2006)规定自来水中的总硬度(以 $CaCO_3$ 计)不得超过 450 mg·L^{-1}。

三、试剂和仪器

1．试剂

（1）EDTA 溶液（0.01mol·L⁻¹）：称取 0.9～1.0g 乙二胺四乙酸二钠盐于 200mL 烧杯中，加蒸馏水溶解，然后倒入聚乙烯塑料（或玻璃）瓶中，再加蒸馏水稀释至 250mL 左右，摇匀。

（2）NH₃–NH₄Cl 缓冲溶液：称取 10g NH₄Cl，溶于蒸馏水后，加 50mL 浓氨水，用蒸馏水稀释至 500mL，pH 值约等于 10。

（3）Mg²⁺–EDTA 溶液：先配制 0.05mol·L⁻¹ mgCl₂ 溶液和 0.05mol·L⁻¹ EDTA 溶液各 500mL，然后在 pH 值 10 的氨性条件下，以铬黑 T 作指示剂，用上述 EDTA 滴定 Mg²⁺，按所得比例把 MgCl₂ 和 EDTA 混合，确保 MgCl₂：EDTA = 1∶1。

（4）其他试剂：铬黑 T 指示剂（5g·L⁻¹），三乙醇胺溶液（200g·L⁻¹），Na₂S 溶液（20g·L⁻¹），HCl 溶液（约 6mol·L⁻¹），甲基红（1g·L⁻¹），CaCO₃ 基准试剂，NH₃·H₂O（7mol·L⁻¹）。

2．仪器

50mL 酸式滴定管（或两用滴定管），25mL 移液管，100mL 烧杯，250mL 容量瓶，表面皿，称量瓶，电子分析天平等。

四、实验步骤

1．EDTA 溶液的标定

1）Ca²⁺ 标准溶液的配制

用差减法准确称取 0.23～0.27g 基准 CaCO₃ 于 100mL 洗净的烧杯中，加少量蒸馏水润湿 CaCO₃，盖上表面皿，从烧杯嘴处往烧杯中滴加约 10mL 6mol·L⁻¹ HCl 溶液，加热使 CaCO₃ 全部溶解。冷却后用蒸馏水冲洗烧杯内壁和表面皿，将溶液定量转移至 250mL 容量瓶中，用蒸馏水稀释至刻度，摇匀，计算 Ca²⁺ 标准溶液的浓度。

2）用 Ca²⁺ 标准溶液标定

用移液管吸取 25.00mL Ca²⁺ 标准溶液于锥形瓶中，加 1 滴 1g·L⁻¹ 甲基红，再滴加 7mol·L⁻¹ 氨水至溶液由红变黄。再加约 20mL 蒸馏水、5mL Mg²⁺–EDTA 溶液、10mL NH₃–NH₄Cl 缓冲溶液、2～3 滴 5g·L⁻¹ 铬黑 T 指示剂，用待标定的 EDTA 溶液滴定至溶液由酒红色变为蓝绿色，记下消耗的 EDTA 体积。平行滴定

3 份，计算 EDTA 的准确浓度。标定实验数据用表 5-1 记录和处理。

2. 自来水总硬度测定

取一干净的大烧杯或试剂瓶接自来水 500 ~ 1000mL，用移液管移取 100.00mL 自来水于 250mL 锥形瓶中，加入 3mL 200g·L^{-1} 三乙醇胺溶液、5mL NH$_3$-NH$_4$Cl 缓冲溶液、2 ~ 3 滴 5g·L^{-1} 铬黑 T 指示剂，用 0.01mol·L^{-1} EDTA 标准溶液滴定至溶液刚好由红色变为蓝色，记下读数。平行滴定 3 份，计算水样的总硬度，以 mg（CaCO$_3$）·L^{-1} 表示结果。测定数据用表 5-2 记录和处理。

五、实验数据处理

表 5-1　0.01mol·L^{-1} EDTA 溶液的标定

编　号	1	2	3
基准 CaCO$_3$/g			
$c_{Ca^{2+}}$/mol·L^{-1}			
$V_{Ca^{2+}}$/mL			
V_{EDTA}/mL			
c_{EDTA}/mol·L^{-1}			
c_{EDTA} 平均值/mol·L^{-1}			
绝对偏差/mol·L^{-1}			
平均偏差/mol·L^{-1}			
RAD/%			

表 5-2　自来水总硬度测定

编　号	1	2	3
$V_{自来水}$/mL			
V_{EDTA}/mL			
水样总硬度/mg（CaCO$_3$）·L^{-1}			
水样总硬度平均值/mg（CaCO$_3$）·L^{-1}			
绝对偏差/mg（CaCO$_3$）·L^{-1}			
平均偏差/mg（CaCO$_3$）·L^{-1}			
RAD/%			

六、思考题

(1)本实验中最好采用哪种基准物质来标定 EDTA，为什么？

(2)在测定水的硬度时，先于 3 个锥形瓶中加水样，再加 NH_3 – NH_4Cl 缓冲液、三乙醇胺溶液、铬黑 T 指示剂，然后用 EDTA 溶液滴定，结果会怎样？

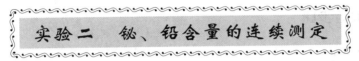

实验二　铋、铅含量的连续测定

一、实验目的

(1)学习常量和微型滴定技术；

(2)学习通过调节控制酸度提高 EDTA 选择性的原理；

(3)掌握用 EDTA 连续滴定的方法。

二、实验原理

混合离子的选择性滴定或 1:1 连续滴定常用控制酸度法、掩蔽法进行。Bi^{3+}、Pb^{2+} 均能与 EDTA 形成稳定的 1:1 络合物，$\lg K$ 分别为 27. 94 和 18. 04。由于两者的 $\lg K$ 相差很大（$\Delta \lg K \geqslant 5$），故可以利用酸效应，控制不同的酸度，分别进行滴定。

在 Bi^{3+}、Pb^{2+} 混合溶液中，首先调节溶液的 pH 值为 1 左右，以二甲酚橙为指示剂，Bi^{3+} 与指示剂形成紫红色的络合物（Pb^{2+} 在此条件下不会与二甲酚橙形成有色络合物），用 EDTA 标准溶液滴定 Bi^{3+}，当溶液由紫红色恰变为亮黄色，即为滴定 Bi^{3+} 的终点。

在滴定 Bi^{3+} 后的溶液中，加入六次甲基四胺溶液，调节溶液 pH = 5 ~ 6，此时溶液中的 Pb^{2+} 与二甲酚橙指示剂形成紫红色络合物，溶液再次呈现紫红色，然后用 EDTA 标准溶液继续滴定，当溶液由紫红色恰变为亮黄色即为滴定 Pb^{2+} 的终点。

三、试剂和仪器

1. 试剂

EDTA 溶液（0. 01mol · L^{-1}），二甲酚橙（2g · L^{-1}），六次甲基四胺溶液（200g

·L^{-1}），6mol·L^{-1}HCl，Bi^{3+}－Pb^{2+}混合溶液。

2. 仪器

（1）常量滴定：50mL酸式滴定管，250mL容量瓶，25.00mL移液管，250mL锥形瓶。

（2）微型滴定：5.000mL微型滴定管，5.000mL吸量管，50mL锥形瓶等。

四、实验步骤

1. 0.01mol·L^{-1}EDTA溶液的配制

称取0.9～1.0g乙二胺四乙酸二钠盐于200mL烧杯中，加蒸馏水溶解，然后倒入聚乙烯塑料（或玻璃）瓶中，再加蒸馏水稀释至250mL左右，摇匀。

也可采用稀释高浓度EDTA溶液的方法来配制0.01mol·L^{-1}EDTA。

2. 0.01mol·L^{-1}EDTA溶液的标定

1）Zn^{2+}标准溶液的配制

准确称取基准锌0.15～0.20g于100mL烧杯中，加入5mL 6mol·L^{-1}HCl溶液，盖上表面皿，使金属完全溶解（若溶解较慢可低温加热），以少量水冲洗表面皿及杯壁，将溶液定量转移至250mL容量瓶中，稀至刻度摇匀，计算Zn^{2+}标准溶液的浓度。

2）常量滴定

准确移取25.00mL Zn^{2+}标准溶液至250mL锥形瓶中，加1～2滴2g·L^{-1}二甲酚橙指示剂，滴加200g·L^{-1}六次甲基四胺至溶液呈现稳定的紫红色，再多加5mL六次甲基四胺（此时溶液pH值约为5.5）。用0.01mol·L^{-1}EDTA溶液滴定至溶液由紫红色变为亮黄色为终点，平行滴定3份，计算EDTA溶液的准确浓度。

3）微型滴定

用5.00mL吸量管准确移取3.00mL锌标准溶液于50mL锥形瓶中，加1滴2g·L^{-1}二甲酚橙指示剂，滴加200g·L^{-1}六次甲基四胺至溶液呈现稳定的紫红色，再加0.5mL六次甲基四胺（此时溶液pH值约为5.5）。用0.01mol·L^{-1}EDTA溶液滴定至溶液由紫红色变为亮黄色为终点，平行滴定3份。计算EDTA溶液的准确浓度。

标定实验数据用表5-3记录和处理。

3. Bi^{3+}－Pb^{2+}混合溶液的测定

1）常量滴定

准确移取25.00mL Bi^{3+}、Pb^{2+}混合液于250mL锥形瓶中，滴加1～2滴2g·

L^{-1}的二甲酚橙指示剂,用 $0.01mol \cdot L^{-1}$ EDTA 标准溶液滴定,当溶液由紫红色恰变为亮黄色,即为 Bi^{3+} 的终点,根据消耗的 EDTA 体积 V_1 计算 Bi^{3+} 的含量(g $\cdot L^{-1}$)。在滴定 Bi^{3+} 后的溶液中,滴加 $200g \cdot L^{-1}$ 六次甲基四胺溶液至呈现稳定的紫红色后,再多加 5mL 六次甲基四胺溶液,此时溶液的 pH 值约为 5~6。用 $0.01mol \cdot L^{-1}$ EDTA 标准溶液滴定,当溶液由紫红色恰转为亮黄色即为终点。根据此时所消耗 EDTA 体积 V_2 计算 Pb^2 的含量(g $\cdot L^{-1}$)。

平行测定 3 次,计算平均值。

2)微型滴定

用 5.00mL 吸量管移取 3.00mL Bi^{3+}、Pb^{2+} 混合液于 50mL 锥形瓶中,加 5.00mL 水,再滴加 1 滴 $2g \cdot L^{-1}$ 的二甲酚橙指示剂,用 $0.01mol \cdot L^{-1}$ EDTA 标准溶液滴定,当溶液由紫红色恰变为亮黄色,即为 Bi^{3+} 的终点,根据消耗的 EDTA 体积 V_1 计算 Bi^{3+} 的含量(g $\cdot L^{-1}$)。

在滴定 Bi^{3+} 后的溶液中,滴加 $200g \cdot L^{-1}$ 六次甲基四胺溶液至呈现稳定的紫红色后,再加入 0.50mL 六次甲基四胺溶液,此时溶液的 pH 值约为 5~6。用 $0.01mol \cdot L^{-1}$ EDTA 标准溶液滴定,当溶液由紫红色恰转为亮黄色即为终点。根据此时所消耗 EDTA 体积 V_2 计算 Pb^2 的含量(g $\cdot L^{-1}$)。

平行测定 3 次,计算平均值。

测定数据用表 5-4 记录和处理。

五、实验数据处理

表 5-3　$0.01mol \cdot L^{-1}$ EDTA 溶液的标定

编　号	1	2	3
$m_{基准Zn}/g$			
$c_{Zn^{2+}}/mol \cdot L^{-1}$			
$V_{Zn^{2+}}/mL$			
V_{EDTA}/mL			
$c_{EDTA}/mol \cdot L^{-1}$			
c_{EDTA}平均值$/mol \cdot L^{-1}$			
绝对偏差$/mol \cdot L^{-1}$			
平均偏差$/mol \cdot L^{-1}$			
$RAD/\%$			

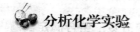

表5-4 $Bi^{3+}-Pb^{2+}$ 混合溶液的测定

编 号	1	2	3
$V_{试样}$/mL			
V_1(EDTA)/mL			
V_2(EDTA)/mL			
Bi^{3+} 含量/g·L^{-1}			
Bi^{3+} 含量平均值/g·L^{-1}			
Pb^{2+} 含量/g·L^{-1}			
Pb^{2+} 平均值/g·L^{-1}			
测定 Bi^{3+} 的 RAD/%			
测定 Pb^{2+} 的 RAD/%			

六、思考题

(1)为什么可以通过控制溶液酸度用 EDTA 分别滴定 Bi^{3+} 和 Pb^{2+} 的浓度？

(2)为什么不用 NaOH、NaAc 或 $NH_3·H_2O$，而用六次甲基四胺调节溶液 pH = 5 ~ 6？

一、实验目的

(1)学习返滴定法和置换滴定法的原理和测定方法；

(2)学习并掌握测定铝盐和铝合金试样中铝含量的分析方法。

二、实验原理

由于 Al^{3+} 易形成一序列多核羟基络合物，这些多核羟基络合物与 EDTA 络合缓慢，故通常采用返滴定法或置换滴定法测定铝。

1. 返滴定法测定铝

在 Al^{3+} 试液中加入定量且过量的 EDTA 标准溶液，在 pH≈3.5 时煮沸溶液数分钟，使 Al^{3+} 与 EDTA 络合完全，然后调节溶液 pH = 5 ~ 6，以二甲酚橙为指示剂，用 Zn^{2+} 标准溶液返滴定过量的 EDTA 即可得到铝的含量。

返滴定法测定铝缺乏选择性,所有在酸性条件下能与EDTA形成稳定络合物的金属离子均干扰测定。对于像合金、硅酸盐、水泥和炉渣等复杂试样中的铝,不能采用返滴定法测定,往往采用置换滴定法以提高其选择性。

2. 置换滴定法测定铝

在Al^{3+}试液中加入过量的EDTA,在$pH \approx 3.5$时煮沸溶液数分钟,使Al^{3+}与EDTA络合完全,然后调节溶液$pH = 5 \sim 6$,以二甲酚橙为指示剂,用Zn^{2+}标准溶液滴定溶液中剩余的EDTA,然后加入过量的NH_4F,加热至沸,使AlY^-与F^-之间发生置换反应,释放出与Al^{3+}物质的量相同的EDTA,其反应为:

$$AlY^- + 6F^- + 2H^+ === AlF_6^{3-} + H_2Y^{2-}$$

再用Zn^{2+}标准溶液滴定释放出来的EDTA即可得到铝的含量。

三、试剂和仪器

1. 试剂

$6mol \cdot L^{-1}$HCl溶液,EDTA($0.01mol \cdot L^{-1}$),二甲酚橙($2g \cdot L^{-1}$),六次甲基四胺($200g \cdot L^{-1}$),Zn^{2+}标准溶液(约$0.01mol \cdot L^{-1}$),铝盐试样,铝合金试样。

2. 仪器

50mL酸式滴定管,250mL容量瓶,25.00mL移液管,250mL锥形瓶,电子分析天平。

四、实验步骤

1. $0.01mol \cdot L^{-1}$ Zn^{2+}标准溶液的配制

准确称取基准锌$0.15 \sim 0.20g$于100mL烧杯中,加入5mL $6mol \cdot L^{-1}$HCl溶液,盖上表面皿,使金属完全溶解(若溶解较慢可低温加热),以少量水冲洗表面皿及杯壁,将溶液定量转移至250mL容量瓶中,稀至刻度摇匀,计算锌标准溶液的浓度。

2. $0.01mol \cdot L^{-1}$ EDTA的配制和标定

称取$0.9 \sim 1.0g$乙二胺四乙酸二钠盐于200mL烧杯中,加蒸馏水溶解,然后倒入聚乙烯塑料(或玻璃)瓶中,再加蒸馏水稀释至250mL左右,摇匀。

也可采用稀释高浓度EDTA溶液的方法来配制$0.01mol \cdot L^{-1}$ EDTA。

准确移取25.00mL锌标准溶液至锥形瓶中,加2滴二甲酚橙指示剂,滴加六次甲基四胺至溶液呈现稳定的紫红色，再多加 5mL 六次甲基四胺（此时溶液 pH 值约 5.5）。用 0.01mol·L^{-1} EDTA 溶液滴定至溶液由紫红色变为亮黄色为终点，平行滴定 3 份。计算 EDTA 溶液的准确浓度。标定实验数据用表 5-5 记录和处理。

3. 返滴定法测定铝盐中铝含量

1）铝盐试液的配制

准确称取 0.35 ~ 0.4g 可溶性铝盐试样于 50mL 烧杯中，加入 4 ~ 5 滴 1mol·L^{-1} HCl 溶液，再加少量水使其完全溶解。定量转移试液于 100mL 容量瓶中，定容摇匀。

2）铝含量的测定

准确移取上述试液 10.00mL 于 250mL 锥形瓶中，准确加入约 30mL 0.01mol·L^{-1} EDTA 标准溶液（体积用 V_1 表示），煮沸数分钟，使 Al^{3+} 与 EDTA 络合完全，冷却，加 2 滴 2g·L^{-1} 二甲酚橙指示剂，滴加 200g·L^{-1} 六次甲基四胺溶液至呈现稳定的紫红色后，再多加 5mL 六次甲基四胺溶液，此时溶液的 pH 值约为 5 ~ 6。用 0.01mol·L^{-1} Zn^{2+} 标准溶液返滴定过量的 EDTA，当溶液恰由黄色转变为紫红色时停止滴定，记下滴定所耗 Zn^{2+} 标准溶液体积（V_2）。平行测定 3 次，根据滴定所加入的 EDTA 标准溶液的浓度和体积以及 Zn^{2+} 标准溶液的浓度和体积即可计算铝的质量分数。测定数据用表 5-6 记录和处理。

4. 置换滴定法测定铝合金中铝含量

1）铝合金试样的处理

准确称取 0.10 ~ 0.12g 铝合金试样于 50mL 塑料烧杯中，加入 10mL 200g·L^{-1} NaOH 溶液，盖上表面皿，水浴加热至其完全溶解。滴加 6mol·L^{-1} HCl 溶液至出现絮状沉淀，再多加 10mL HCl 溶液，沉淀溶解后，将试液定量转移至 500mL 容量瓶中，加蒸馏水定容，摇匀。

2）铝含量的测定

准确移取 25.00mL 上述试液于 250mL 锥形瓶中，加入 30mL 0.01mol·L^{-1} EDTA 溶液、2 滴 2g·L^{-1} 二甲酚橙指示剂，滴加 7mol·L^{-1} NH$_3$H$_2$O 至溶液呈紫红色，再滴加 6mol·L^{-1} HCl 溶液使溶液再变为黄色，将溶液煮沸 3min，稍冷后，加入 15 ~ 20mL 200g·L^{-1} 六次甲基四胺溶液，此时溶液呈黄色（如呈红色，应滴加 6mol·L^{-1} HCl 溶液使溶液再变为黄色）。补加 2 滴 2g·L^{-1} 二甲酚橙指示剂，用 0.01mol·L^{-1} Zn^{2+} 标准溶液滴定至溶液恰好由黄色变为紫红色（此时无需记录滴定所耗 Zn^{2+} 标准溶液体积）。然后在溶液中加入 10mL 200g·L^{-1} NH$_4$HF$_2$ 溶液，加热溶液至微沸，稍冷后补加 2 滴 2g·L^{-1} 二甲酚橙指示剂此时溶液呈黄色

（如呈红色，应滴加 $6\,mol\cdot L^{-1}$ HCl 溶液使溶液再变为黄色），再用 $0.01\,mol\cdot L^{-1}$ Zn^{2+} 标准溶液滴定至溶液恰好由黄色变为紫红色，记录滴定所耗 Zn^{2+} 标准溶液体积。平行滴定 3 份。计算铝合金中铝的含量。测定数据用表 5-7 记录和处理。

五、实验数据处理

表 5-5　$0.01\,mol\cdot L^{-1}$ EDTA 溶液的标定

编　号	1	2	3
$m_{基准Zn}/g$			
$c_{Zn^{2+}}/mol\cdot L^{-1}$			
$V_{Zn^{2+}}/mL$			
V_{EDTA}/mL			
$c_{EDTA}/mol\cdot L^{-1}$			
c_{EDTA} 平均值$/mol\cdot L^{-1}$			
绝对偏差$/mol\cdot L^{-1}$			
平均偏差$/mol\cdot L^{-1}$			
$RAD/\%$			

表 5-6　返滴定法测定铝盐试样中铝含量

编　号	1	2	3
$m_{铝盐}/g$			
V_{EDTA}/mL			
$V_{Zn^{2+}}/mL$			
Al $/\%$			
Al 平均值$/\%$			
绝对偏差$/\%$			
平均偏差$/\%$			
$RAD/\%$			

表 5-7　置换滴定法测定铝合金中铝含量

编　号	1	2	3
$m_{铝合金}/g$			
$V_{Zn^{2+}}/mL$			
Al $/\%$			
Al 平均值$/\%$			
绝对偏差$/\%$			
平均偏差$/\%$			
$RAD/\%$			

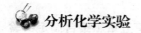

六、思考题

（1）为什么不能采用 EDTA 直接滴定法测定铝试样中的铝含量？

（2）为什么返滴定法测定铝时，加入的过量 EDTA 溶液的浓度及体积均必须是确定的？

（3）置换滴定法测定铝时，加入的过量 EDTA 溶液的浓度及体积均必须是确定的吗？

实验四　　EDTA 滴定法测定稀土含量

一、实验目的

（1）学习和掌握二甲酚橙为指示剂标定 EDTA 的方法；

（2）学习和掌握 EDTA 络合滴定法测定稀土氧化物中稀土含量的方法。

二、实验原理

稀土（Rare Earth）有"工业维生素"的美称。现在已成为极其重要的战略资源。稀土元素是指元素周期表中原子序数为 57 ~ 71 的 15 种镧系元素，以及与镧系元素化学性质相似的钪（Sc）和钇（Y）共 17 种元素。稀土元素在石油、化工、冶金、纺织、陶瓷、玻璃、永磁材料等领域都得到了广泛的应用，随着科技的进步和应用技术的不断突破，稀土的价值将越来越大。稀土氧化物是稀土生产中的初级产品，其含量的测定通常采用 EDTA 络合滴定法。

稀土氧化物经盐酸溶解，在 pH 值约为 5.5 的条件下，以二甲酚橙作指示剂，用 EDTA 标准溶液滴定稀土含量。

三、试剂和仪器

1. 试剂

盐酸（$6mol \cdot L^{-1}$），二甲酚橙（$2g \cdot L^{-1}$），六次甲基四胺（$200g \cdot L^{-1}$），金属锌（> 99.9%），$0.01mol \cdot L^{-1}$ EDTA 标准溶液，单一稀土氧化物。

2. 仪器

（1）常量滴定：50mL 滴定管，250mL 容量瓶，250mL 锥形瓶等。

（2）微型滴定：5.000mL 微量滴定管，50mL 锥形瓶等。

四、实验步骤

1. Zn^{2+} 标准溶液的配制

准确称取基准锌 0.15～0.20g 于 100mL 烧杯中，加入 5mL 6mol·L^{-1} HCl 溶液，盖上表面皿，使金属完全溶解（若溶解较慢可低温加热），以少量水冲洗表面皿及杯壁，将溶液定量转移至 250mL 容量瓶中，稀至刻度摇匀，计算锌标准溶液的浓度。

2. 0.01mol·L^{-1} EDTA 的配制和标定

称取 0.9～1.0g 乙二胺四乙酸二钠盐于 200mL 烧杯中，加蒸馏水溶解，然后倒入聚乙烯塑料（或玻璃）瓶中，再加蒸馏水稀释至 250mL 左右，摇匀。

也可采用稀释高浓度 EDTA 溶液的方法来配制 0.01mol·L^{-1} EDTA。

准确移取 25.00mL 锌标准溶液至锥形瓶中，加 2 滴二甲酚橙指示剂，滴加六次甲基四胺至溶液呈现稳定的紫红色，再多加 5mL 六次甲基四胺（此时溶液 pH 值约为 5.5）。用 0.01mol·L^{-1} EDTA 溶液滴定至溶液由紫红色变为亮黄色为终点，平行滴定 3 份。计算 EDTA 溶液的准确浓度。标定实验数据用表 5-8 记录和处理。

3. 稀土总量的测定（常量滴定）

准确称取稀土氧化物试样 0.15～0.2g 于 100mL 烧杯中，加入 4mL 6mol·L^{-1} 盐酸，盖上表面皿，低温加热至微沸使样品溶解完全，冷却至室温，将溶液移入 100mL 容量瓶中，以蒸馏水稀释至刻度，摇匀。

移取 25.00mL 试液于 250mL 锥形瓶中，加 2 滴二甲酚橙指示剂，滴加 200g·L^{-1} 六次甲基四胺至溶液呈现稳定的紫红色，再加 5mL 200g·L^{-1} 六次甲基四胺。用 0.01mol·L^{-1} EDTA 标准溶液滴定至溶液由紫红色变为亮黄色为终点，平行滴定 3 份。计算试样中稀土氧化物的质量分数（%）。

4. 稀土总量的测定（微型滴定）

准确移取上述稀土离子溶液 3.00mL 于 50mL 锥形瓶中，加 5mL 蒸馏水，加 1 滴 2g·L^{-1} 二甲酚橙指示剂，滴加 200g·L^{-1} 六次甲基四胺至溶液呈现稳定的紫红色，再加 1.0mL 200g·L^{-1} 六次甲基四胺。用 0.01mol·L^{-1} EDTA 标准溶液滴定至溶液由紫红色变为亮黄色为终点，平行滴定 3 份。计算试样中稀土的质量分数（%）。

稀土的测定数据用表 5-9 记录和处理。

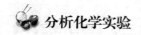

五、实验数据处理

表5-8   0.01mol·L⁻¹EDTA 的标定

编　号	1	2	3
$m_{\text{基准Zn}}$/g			
$c_{Zn^{2+}}$/mol·L⁻¹			
$V_{Zn^{2+}}$/mL			
V_{EDTA}/mL			
c_{EDTA}/mol·L⁻¹			
c_{EDTA} 平均值/mol·L⁻¹			
绝对偏差/mol·L⁻¹			
平均偏差/mol·L⁻¹			
RAD/%			

表5-9   稀土总量的测定

编　号	1	2	3
$m_{\text{稀土氧化物}}$/g			
V_{EDTA}/mL			
w_{RE}/%			
w_{RE} 平均值/%			
绝对偏差			
平均偏差			
RAD/%			

六、思考题

(1)稀土元素主要包括哪些元素?

(2)赣南地区的稀土与内蒙包头地区的稀土有何区别?

(3)本实验测定稀土含量时能否采用铬黑 T 为指示剂?

实验五　络合滴定设计实验

一、实验目的

(1)培养学生在络合滴定理论及实验中解决实际问题的能力,并通过实践加深对理论课程的理解;

（2）学习并掌握返滴定，置换滴定等技巧；对分离掩蔽等理论和实验内容有初步的掌握；

（3）培养学生阅读参考资料的能力，提高他们的设计水平和独立完成实验报告的能力。

二、基本内容和要求

在本实验方案设计所罗列的内容中，学生自选一个设计项目。在参考资料的基础上，拟定方案，经教师批阅后，写出详细的实验报告。

三、络合滴定方案设计备选题目

（1）黄铜中铜锌含量的测定

（2）EDTA 含量的测定

（3）胃舒平药片中 Al_2O_3 和 MgO 含量的测定

（4）Al^{3+}、Zn^{2+} 和 Mg^{2+} 混合溶液中各离子浓度的测定

参考实验方案 Ⅰ：Al^{3+}、Zn^{2+}、Mg^{2+} 混合溶液中各离子浓度的测定

一、实验目的

（1）通过本实验初步学习实验方案的设计方法；

（2）学习和掌握利用掩蔽法提高络合滴定选择性的方法；

（3）掌握 Al^{3+}、Zn^{2+}、Mg^{2+} 混合溶液中各离子浓度的测定原理和方法。

二、实验原理

（1）返滴定法测定 Al^{3+}、Zn^{2+}、Mg^{2+} 总量

混合溶液 + EDTA 标准溶液（一定量，过量）→加热，调 pH = 10→AlY + ZnY + MgY

Zn^{2+}（标液）+ H_2Y^{2-}（剩余）→ZnY（以 EBT 作指示剂）。

（2）返滴定法测定 Al^{3+}、Zn^{2+} 总量及 Mg^{2+} 含量

pH = 5：混合溶液 + EDTA 标准溶液（一定量，过量）→加热→AlY + ZnY

Zn^{2+}（标液）+ H_2Y^{2-}（剩余）→ZnY（以 XO 作指示剂）。

（3）置换滴定法测定 Al^{3+} 含量

上述测定溶液（AlY）+ F^-→加热→EDTA + AlF_6^{3-}；

pH = 5：Zn^{2+}（标液）+ H_2Y^{2-}（置换）→ZnY（以 XO 作指示剂）。

三、仪器与试剂

1. 试剂

盐酸 6mol·L^{-1}，二甲酚橙（2g·L^{-1}），六次甲基四胺（200g·L^{-1}），金属锌（> 99.9%）），0.01mol·L^{-1} EDTA 标准溶液。

2. 仪器

电子分析天平（感量 0.1mg），50mL 滴定管，250mL 容量瓶，25mL 移液管，电炉，电热板等。

四、实验步骤

1. Zn^{2+} 标准溶液的配制

准确称取 0.15 ~ 0.20g 基准锌片于干净的 50mL 小烧杯中，加入 5mL 6mol·L^{-1} HCl，立即盖上表面皿，待锌片完全溶解后，定容至 250mL。计算 Zn^{2+} 标准溶液浓度。

2. 0.01mol·L^{-1} EDTA 溶液的配制及标定

（1）配制

用量筒量取 30mL 0.1mol·L^{-1} EDTA 于 500mL 烧杯中，加水至 300mL，搅匀。

（2）标定

准确移取 25.00mL Zn^{2+} 标准溶液于锥形瓶中，滴加 2 滴 2g·L^{-1} 二甲酚橙（XO）指示剂，滴加 200g·L^{-1} 六次甲基四胺至呈稳定红色，再过量 5mL，用待标定的 EDTA 溶液滴定至溶液由紫红色恰好变为亮黄色即为终点，计算 EDTA 溶液准确浓度，平行测定 3 次。标定实验数据用表 5-10 记录和处理。

3. Al^{3+}、Zn^{2+}、Mg^{2+} 测定溶液的配制

准确移取 10.00mL Al^{3+}、Zn^{2+}、Mg^{2+} 待测混合溶液于 100mL 容量瓶中，加水定容（稀释溶液中每种离子浓度约 0.001mol·L^{-1}）。

4．返滴定法测定 Al^{3+}、Zn^{2+}、Mg^{2+} 总量

准确移取 10.00mL 上述稀释后的混合溶液于锥形瓶中，然后准确加入 50.00mLEDTA 标准溶液(V_1)，加热溶液至微沸并保持约 3min，取下稍冷后用流水冷却，然后加入 5mL0.2mol·L^{-1} 氨性缓冲液以控制溶液 pH≈10，以铬黑 T 为指示剂，用 0.01mol·L^{-1} Zn^{2+} 标准溶液滴定至溶液由蓝色恰好变为蓝紫色即为终点，记下滴定所消耗 Zn^{2+} 标准溶液体积(V_2)。平行测定 2~3 次。

5．返滴定法测定 Al^{3+}、Zn^{2+} 总量

另取 1 份 10.00mL Al^{3+}、Zn^{2+}、Mg^{2+} 稀释后的混合溶液于锥形瓶中，用滴定管准确加入 35.00mL0.01mol·L^{-1} EDTA 标准溶液(V_3)，加热溶液至微沸，静置 3min，流水冷却，加 20mL 水，5mL 六次甲基四胺调节 pH=5~6，加入 2 滴二甲酚橙指示剂，用 0.01mol·L^{-1} Zn^{2+} 标准溶液滴定至溶液由黄色变为红色即为终点，记下滴定所消耗 Zn^{2+} 标准溶液体积(V_4)，既可计算 Al^{3+}、Zn^{2+} 总量。用 Al^{3+}、Zn^{2+}、Mg^{2+} 总量减去 Al^{3+}、Zn^{2+} 总量，即可求出 Mg^{2+} 含量。平行测定 2~3 次。

6．置换滴定法测定 Al^{3+} 含量

在上述滴定溶液中，加入 5mL 0.2mol·L^{-1} NH_4F 溶液，加热溶液至微沸，流水冷却，置换出 AlY 中的 EDTA，然后用 0.01mol·L^{-1} Zn^{2+} 标准溶液滴定释放出的 EDTA，终点时溶液由黄色变为红色，记下滴定所消耗 Zn^{2+} 标准溶液体积(V_5)，根据滴定所消耗的 Zn^{2+} 标准溶液的量，即可计算出 Al^{3+} 浓度。用 Al^{3+}、Zn^{2+} 总量减去 Al^{3+} 浓度，便可计算出 Zn^{2+} 浓度。平行测定 2~3 次。

测定实验数据用表 5-11 记录和处理。

五、实验数据处理

表 5-10　0.01mol·L^{-1}EDTA 标准溶液的标定

编　号	1	2	3
$m_{基准Zn}$/g			
$c_{Zn^{2+}}$/mol·L^{-1}			
$V_{Zn^{2+}}$/mL			
V_{EDTA}/mL			
c_{EDTA}/mol·L^{-1}			
c_{EDTA}平均值/mol·L^{-1}			
绝对偏差/mol·L^{-1}			
平均偏差/mol·L^{-1}			
RAD/%			

表 5-11　混合溶液中 Al^{3+}、Zn^{2+}、Mg^{2+} 离子浓度的测定

实验序号	1	2	3
EDTA 体积 V_1/mL			
Zn^{2+} 标准溶液体积 V_2/mL			
EDTA 体积 V_3/mL			
Zn^{2+} 标准溶液体积 V_4/mL			
Zn^{2+} 标准溶液体积 V_5/mL			
Al^{3+} 浓度/mol·L^{-1}			
Al^{3+} 平均浓度/mol·L^{-1}			
Zn^{2+} 浓度/mol·L^{-1}			
Zn^{2+} 平均浓度/mol·L^{-1}			
Mg^{2+} 浓度/mol·L^{-1}			
Mg^{2+} 平均浓度/mol·L^{-1}			
测定 Al^{3+} 的 RAD/%			
测定 Zn^{2+} 的 RAD/%			
测定 Mg^{2+} 的 RAD/%			

六、思考题

（1）为何不能采用直接滴定法测定 Al^{3+} 含量？

（2）试设计其他实验方案测定 Al^{3+}、Zn^{2+}、Mg^{2+} 混合溶液中各离子浓度。

参考实验方案 II（简要方案）

1. 返滴定法测定 Al^{3+}、Zn^{2+} 总量

混合溶液 + EDTA 标准溶液（一定量，过量）→加热，调 pH = 3.5→AlY + ZnY，pH = 5.5，Zn^{2+}（标液）+ H_2Y^{2-}（剩余）→ZnY（以 XO 作指示剂）

2. 置换滴定法测定 Al^{3+} 含量及 Zn^{2+} 含量

pH = 5：上述测定溶液 + NH_4F→加热→AlF_6^{3-} + Y（H_2Y^{2-}），Zn^{2+}（标液）+ H_2Y^{2-}（置换出）→ZnY（以 XO 作指示剂）

3. Mg^{2+} 浓度的测定

另取一份等量试液，加入经过公式（1）计算的 EDTA 标准溶液（V_3 mL），加热至沸，调 pH = 10：Mg^{2+} + H_2Y^{2-}（置换）→MgY（以 EBT 作指示剂）

附：EDTA 体积 $V_3 = 35.00 - \dfrac{(cV_1)_{Zn}}{c_{EDTA}}$ (mL)　　　　(1)

第六章　氧化还原滴定实验

实验一　高锰酸钾法测定过氧化氢含量

一、实验目的

(1)学习并掌握 $KMnO_4$ 溶液的配制与标定方法，了解自催化反应；

(2)学习 $KMnO_4$ 法测定 H_2O_2 的原理和方法；

(3)了解 $KMnO_4$ 自身指示剂的特点。

二、实验原理

过氧化氢在工业、生物、医药等方面应用广泛。它可用于漂白毛、丝织物及消毒、杀菌；纯 H_2O_2 能作火箭燃料的氧化剂；工业上可利用 H_2O_2 的还原性除去氯气；在生物方面，则可利用过氧化氢酶对 H_2O_2 分解反应的催化作用，来测量过氧化氢酶的活性。由于过氧化氢有着这样广泛的应用，故常需测定它的含量。

在稀硫酸溶液中，H_2O_2 在室温下能定量、迅速地被高锰酸钾氧化，因此，可用高锰酸钾法测定其含量，有关反应式为：

$$5\ H_2O_2 + 2MnO_4^- + 6H^+ = 2Mn^{2+} + 5O_2\uparrow + 8H_2O$$

该反应在开始时比较缓慢，滴入的第一滴 $KMnO_4$ 溶液褪色很慢，待生成少量 Mn^{2+} 后，由于 Mn^{2+} 的自催化作用，反应速率逐渐加快。化学计量点后，稍微过量的滴定剂 $KMnO_4$（约 $10^{-6}\ mol \cdot L^{-1}$）呈现微红色指示终点的到达。根据 $KMnO_4$ 标准溶液的浓度和滴定所消耗的体积，可算出试样中 H_2O_2 的含量。

$KMnO_4$ 溶液的浓度可用基准物质 As_2O_3、$Na_2C_2O_4$ 或 $H_2C_2O_4 \cdot 2H_2O$ 等标定。若以 $Na_2C_2O_4$ 或 $H_2C_2O_4 \cdot 2H_2O$ 标定，其反应式为：

$$2\,MnO_4^- + 5C_2O_4^{2-} + 16H^+ \stackrel{}{=\!=\!=} 2Mn^{2+} + 10CO_2\uparrow + 8H_2O$$

该标定反应要严格控制反应温度,反应必须在 75 ~ 85℃ 进行。

三、试剂和仪器

1. 试剂

$Na_2C_2O_4$ 基准试剂:在 105 ~ 115℃ 条件下烘干 2h 备用。

H_2O_2 溶液($30g \cdot L^{-1}$):市售 30% H_2O_2 稀释 10 倍而成,储存在棕色试剂瓶中。

H_2SO_4 溶液($3mol \cdot L^{-1}$);$KMnO_4$ 溶液($0.02mol \cdot L^{-1}$)。

2. 仪器

50mL 酸式滴定管(或通用滴定管),250mL 锥形瓶,25.00mL 移液管,10.00mL 移液管,250mL 容量瓶,电子分析天平,恒温水浴锅。

四、实验步骤

1. $KMnO_4$ 溶液的配制

称取 $KMnO_4$ 固体约 1.6g,置于 1000mL 烧杯中,加 500mL 蒸馏水使其溶解,盖上表面皿,加热至沸并保持微沸状态约 1h,中间可补加一定量的蒸馏水,以保持溶液体积基本不变。冷却后将溶液转移至棕色瓶内,在暗处放置 2 ~ 3 天,然后用 G3 或 G4 砂芯漏斗过滤除去 MnO_2 等杂质,滤液储存于棕色试剂瓶内备用。

另外,也可将 $KMnO_4$ 固体溶于煮沸过的蒸馏水中,让该溶液在暗处放置 6 ~ 10 天,用砂芯漏斗过滤备用。有时也可不经过滤而直接取上层清液进行实验。

2. $KMnO_4$ 溶液的标定

准确称取 0.15 ~ 0.20g $Na_2C_2O_4$ 基准物质 3 份,分别置于 250mL 锥形瓶中,向其中各加入 30mL 蒸馏水使之溶解,再各加入 15mL $3mol \cdot L^{-1}$ H_2SO_4 溶液,然后将锥形瓶置于水浴上加热至 75 ~ 85℃,趁热用待标定的 $KMnO_4$ 溶液滴定至溶液呈微红色并保持 30s 不褪色即为终点。平行滴定 3 份,根据滴定消耗的 $KMnO_4$ 溶液的体积和 $Na_2C_2O_4$ 的量,计算 $KMnO_4$ 溶液的浓度。标定实验数据用表 6 - 1 记录和处理。

$KMnO_4$ 标准溶液久置后需重新标定。

3．H_2O_2 含量的测定

准确移取 10.00mL 30g·L^{-1} H_2O_2 试样于 250mL 容量瓶中，加蒸馏水稀释至刻度，摇匀。移取 25.00mL 该稀溶液 3 份，分别置于 250mL 锥形瓶中，各加 30mL H_2O 和 30mL 3mol·L^{-1} H_2SO_4 溶液，然后用已标定的 $KMnO_4$ 标准溶液滴至溶液呈微红色并在 30s 内不消失，即为终点。如此平行滴定 3 份，根据 $KMnO_4$ 标准溶液的浓度和滴定消耗的体积计算 H_2O_2 试样的质量浓度。测定数据用表6-2记录和处理。

五、实验数据处理

表6-1　0.02mol·L^{-1} $KMnO_4$ 溶液的标定

编　号	1	2	3
$m_{基准Na_2C_2O_4}$/g			
V_{KMnO_4}/mL			
c_{KMnO_4}/mol·L^{-1}			
c_{KMnO_4}平均值/mol·L^{-1}			
绝对偏差/mol·L^{-1}			
平均偏差/mol·L^{-1}			
RAD/%			

表6-2　H_2O_2 的测定

编　号	1	2	3
$V_{H_2O_2}$/mL			
V_{KMnO_4}/mL			
$\rho_{H_2O_2}$/g·L^{-1}			
$\rho_{H_2O_2}$平均值/g·L^{-1}			
绝对偏差/g·L^{-1}			
平均偏差/g·L^{-1}			
RAD/%			

六、思考题

（1）配制 $KMnO_4$ 溶液应注意些什么？配制 $KMnO_4$ 溶液时，过滤后的滤器上粘附的物质是什么？应选用什么物质清洗干净？

（2）用基准物质 $Na_2C_2O_4$ 标定 $KMnO_4$ 时，应在什么条件下进行？

（3）用 $KMnO_4$ 法测定 H_2O_2 含量时，能否用 HNO_3 溶液、HCl 溶液或 HAc 溶液来调节溶液酸度？为什么？

（4）用 $KMnO_4$ 法测定 H_2O_2 含量时，能否在加热条件下滴定？为什么？

（5）H_2O_2 有些什么重要性质？使用时应注意什么？

实验二　高锰酸钾法测定化学需氧量

一、实验目的

（1）初步了解环境分析的重要性及水样的采集和保存方法；

（2）掌握酸性高锰酸钾法测定化学需氧量的原理及方法；

（3）了解水样的化学需氧量与水体污染的关系。

二、实验原理

水样的需氧量是水质污染程度的主要指标之一，它分为生物需氧量（简称 BOD）和化学需氧量（简称 COD）两种。BOD 是指水中有机物质发生生物过程时所需要氧的量。COD 是指在特定条件下，用强氧化剂处理水样时，水样所消耗的氧化剂的量，常用每升水消耗 O_2 的量来表示（$mg \cdot L^{-1}$）。水样的化学需氧量与测试条件有关，因此应严格控制反应条件，按规定的操作步骤进行测定。

测定化学需氧量的方法有重铬酸钾法、酸性高锰酸钾法和碱性高锰酸钾法。

酸性高锰酸钾法测定水样的化学需氧量是指在酸性条件下，向水样中加入过量的 $KMnO_4$ 溶液，并加热溶液让其充分反应，然后再向溶液中加入过量的 $Na_2C_2O_4$ 标准溶液还原多余的 $KMnO_4$，剩余的 $Na_2C_2O_4$ 再用 $KMnO_4$ 溶液返滴定。根据 $KMnO_4$ 的浓度和水样所消耗的 $KMnO_4$ 溶液体积，计算水样的需氧量。该法适用于污染不十分严重的地面水和河水等的化学需氧量的测定。若水样中 Cl^- 含量较高，可加入 Ag_2SO_4 消除干扰，也可改用碱性高锰酸钾法进行测定。有关反应为

$$4KMnO_4 + 5C + 6H_2SO_4 =\!\!=\!\!= 4MnSO_4 + 2K_2SO_4 + 5CO_2 \uparrow + 6H_2O$$

$$2KMnO_4 + 5Na_2C_2O_4 + 8H_2SO_4 =\!\!=\!\!= 2MnSO_4 + K_2SO_4 + 5Na_2SO_4 + 10CO_2 \uparrow + 8H_2O$$

这里，C 泛指水中的还原性物质或需氧物质，主要为有机物。

根据反应的计量关系，可知需氧量的计算式为

$$COD = \frac{\left[\dfrac{5}{4}c(V_1 + V_2)_{MnO_4^-} - \dfrac{1}{2}(cV)_{C_2O_4^{2-}}\right]M_{O_2}}{V_{水}}$$

式中　V_1——第一次加入 $KMnO_4$ 溶液的体积；

　　　V_2——第二次加入 $KMnO_4$ 溶液的体积。

三、试剂和仪器

1. 试剂

（1）$KMnO_4$ 溶液（0.02mol · L^{-1}）：配制及标定方法见实验一。

（2）$KMnO_4$ 溶液（约0.002mol · L^{-1}）：移取 25.00mL0.02mol · L^{-1} $KMnO_4$ 标准溶液于 250mL 容量瓶中，加水稀释至刻度，摇匀。

（3）$Na_2C_2O_4$ 标准溶液（约0.005mol · L^{-1}）：准确称取 0.16 ~ 0.18g $Na_2C_2O_4$ 基准物质，置于小烧杯中，用适量蒸馏水溶解后，定量转移至 250mL 容量瓶中，加蒸馏水稀释至刻度，摇匀。按实际称取质量计算其准确浓度。

（4）H_2SO_4 溶液（6mol · L^{-1}）。

2. 仪器

50mL 酸式滴定管，250mL 锥形瓶，25.00mL 移液管，10.00mL 移液管，250mL 容量瓶，电子分析天平，恒温水浴锅，电热板，电炉。

四、实验步骤

1. 0.02mol · L^{-1} $KMnO_4$ 溶液的配制和标定

配制和标定方法见实验一，标定实验数据用表6-3记录和处理。

2. COD 的测定

视水质污染程度取水样 10 ~ 100mL 于 250mL 锥形瓶中，加入 5mL 6mol · L^{-1} H_2SO_4 溶液，再用滴定管或移液管准确加入 10.00mL 0.002mol · L^{-1} $KMnO_4$ 标准溶液，然后尽快加热溶液至沸，并准确煮沸 10 min（紫红色不应褪去，否则应增加 $KMnO_4$ 溶液的体积）。取下锥形瓶，冷却 1 min 后，准确加入 10.00mL 0.005mol · L^{-1} $Na_2C_2O_4$ 标准溶液，充分摇匀（此时溶液应为无色，否则应增加 $Na_2C_2O_4$ 的用量），趁热用 0.002mol · L^{-1} $KMnO_4$ 标准溶液滴定至溶液呈微红色，记下 $KMnO_4$ 溶液的体积，平行滴定 3 份。

　　另取与水样相同体积的蒸馏水代替水样进行空白试验，测定空白值，计算需

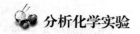分析化学实验

氧量时将空白值减去。

测定实验数据用表6-4记录和处理。

五、实验数据处理

表6-3　0.02mol·L⁻¹KMnO₄溶液的标定

编　号	1	2	3
$m_{基准Na_2C_2O_4}$/g			
V_{KMnO_4}/mL			
c_{KMnO_4}/mol·L⁻¹			
c_{KMnO_4}平均值/mol·L⁻¹			
绝对偏差/mol·L⁻¹			
平均偏差/mol·L⁻¹			
RAD/%			

表6-4　需氧量的测定

编　号	1	2	3
$V_{水样}$/mL			
V_{KMnO_4}/mL			
$V_{Na_2C_2O_4}$/mL			
COD/mg·L⁻¹			
COD平均值/mg·L⁻¹			
空白值/mg·L⁻¹			
空白平均值/mg·L⁻¹			
校正后的COD/mg·L⁻¹			
校正后COD平均值/mg·L⁻¹			
RAD/%			

六、思考题

（1）水样的采集及保存应当注意哪些事项？

（2）水样中加入KMnO₄溶液煮沸后，若紫红色褪去，说明什么？应怎样处理？

（3）水样中氯离子的含量高时，为什么对测定有干扰？如何消除？

（4）水样的化学需氧量的测定有何意义？有哪些方法测定COD？

实验三 重铬酸钾法测定化学需氧量

一、实验目的

（1）初步了解环境分析的重要性及水样的采集和保存方法；

（2）掌握重铬酸钾法测定化学需氧量的原理及方法。

二、实验原理

化学需氧量（COD），是指在一定条件下，用强氧化剂处理水样时所消耗氧化剂的量，以氧的毫克/升来表示。化学需氧量反映了水中受还原性物质污染的程度。水中还原性物质包括有机物、亚硝酸盐、亚铁盐、硫化物等。水被有机物污染是很普遍的，因此化学需氧量也作为有机物相对含量的指标之一。水样的化学需氧量，可受加入氧化剂的种类及浓度、反应溶液的酸度、反应温度和时间，以及催化剂的有无而获得不同的结果。因此，化学需氧量亦是一个条件性指标，必须严格按操作步骤进行。

对于工业废水，我国规定用重铬酸钾法，其测得的值称为化学需氧量 COD_{Cr}。

重铬酸钾法是指在强酸性条件下，向水样中加入过量的 $K_2Cr_2O_7$，让其与水样中的还原性物质充分反应：

$$2K_2Cr_2O_7 + 3C + 8H_2SO_4 \longrightarrow 2Cr_2(SO_4)_3 + 3CO_2 \uparrow + 2K_2SO_4 + 8H_2O$$

剩余的 $K_2Cr_2O_7$ 以试亚铁灵（或邻二氮菲）为指示剂，用硫酸亚铁铵标准溶液返滴定。根据消耗的 $K_2Cr_2O_7$ 溶液的体积和浓度，计算水样的需氧量。氯离子干扰测定，可在回流前加硫酸银除去。该法适用于工业污水及生活污水等含有较多复杂污染物的水样的测定。其滴定反应式为：

$$K_2Cr_2O_7 + 6FeSO_4 + 7H_2SO_4 \longrightarrow Cr_2(SO_4)_3 + 3Fe_2(SO_4)_3 + K_2SO_4 + 7H_2O$$

酸性重铬酸钾氧化性很强，可氧化大部分有机物，加入硫酸银作催化剂时，直链脂肪族化合物可完全被氧化，而芳香族有机物却不易被氧化，吡啶不被氧化，挥发性直链脂肪族化合物、苯等有机物存在于蒸气相，不能与氧化剂液体接触，氧化不明显。氯离子能被重铬酸盐氧化，并且能与硫酸银作用产生沉淀，影响测定结果，故在回流前向水样中加入硫酸汞，使氯离子成为络合物以消除干扰。氯离子含量高于 $2000mg \cdot L^{-1}$ 的样品应先作定量稀释、使其含量降低至

2000mg·L⁻¹以下，再行测定。

　　用 0.25mol·L⁻¹的重铬酸钾溶液可测定大于 50mg·L⁻¹的 COD 值。用 0.025mol·L⁻¹的重铬酸钾溶液可测定 5~50mg·L⁻¹的 *COD* 值，但准确度较差。

三、试剂和仪器

　　1. 试剂

　　(1)重铬酸钾标准溶液($c_{1/6K_2Cr_2O_7} = 0.2500mol·L^{-1}$)。

　　(2)试亚铁灵指示剂：准确称取 1.485g 邻二氮菲($C_{12}H_8N_2·H_2O$)，0.695g 硫酸亚铁($FeSO_4·7H_2O$)溶于水中，稀释至 100mL，储于棕色瓶内。

　　(3)硫酸亚铁铵标准溶液[$(NH_4)_2Fe(SO_4)_2·6H_2O \approx 0.1mol·L^{-1}$]：称取 39.5g 硫酸亚铁铵溶于水中，边搅拌边缓缓加入 20mL 浓硫酸，冷却后移入 1000mL 容量瓶中，加水稀释至标线，摇匀。临用前，用重铬酸钾标准溶液标定。

　　(4)硫酸 – 硫酸银溶液：于 500mL 浓硫酸中加入 5g 硫酸银。放置 1~2 天，不时摇动使其溶解。

　　(5)硫酸 – 磷酸 – 硫酸银溶液：称取 10g 硫酸银溶于 200mL 浓磷酸，加 800mL 浓硫酸，回流时间为 25 min。

　　(6)硫酸汞：结晶或粉末。

　　2. 仪器

　　回流装置：带 250mL 锥形瓶的全玻璃回流装置(如取样量在 30mL 以上，采用 500mL 锥形瓶的全玻璃回流装置)。

　　电热板或变阻电炉，50mL 酸式滴定管等。

四、实验步骤

　　1. 重铬酸钾标准溶液($c_{1/6K_2Cr_2O_7} = 0.2500mol·L^{-1}$)的配制

　　准确称取预先在 120℃烘干 2h 的基准或优级纯重铬酸钾 3.0645g 溶于水中，移入 250mL 容量瓶，稀释至标线，摇匀。

　　2. 硫酸亚铁铵标准溶液的标定

　　准确吸取 10.00mL 重铬酸钾标准溶液于 500mL 锥形瓶中，加水稀释至 100mL 左右，缓缓加入 30mL 浓硫酸，混匀。冷却后，加入 3 滴试亚铁灵指示液，用硫酸亚铁铵溶液滴定，溶液的颜色由黄色经蓝绿色至红褐色即为终点。平行滴定 3 次。

　　标定实验数据用表 6-5 记录和处理。

3．废水中 COD 的测定

取 20.00mL 混合均匀的水样(或适量试样稀释至 20.00mL)置于 250mL 磨口的回流锥形瓶中，加入 0.4g 硫酸汞，摇动使溶解，准确加入 10.00mL 重铬酸钾标准溶液及数粒小玻璃珠或沸石，连接磨口回流冷凝管，从冷凝管上口慢慢加入 30mL 硫酸 - 硫酸银溶液(或硫酸 - 磷酸 - 硫酸银溶液，可缩短回流时间回流 25min)，轻轻摇动锥形瓶使溶液混匀，加热回流 2h(自开始沸腾时计时)。

冷却后，用 90mL 水冲洗冷凝管壁，取下锥形瓶。溶液总体积不得少于 140mL，否则因酸度太大，滴定终点不明显。

溶液再度冷却后，加 3 滴试亚铁灵指示剂，用硫酸亚铁铵标准溶液滴定，溶液的颜色由黄色经蓝绿色至红褐色即为终点，记录硫酸亚铁铵溶液的用量。平行测定 3 次。

以 20.00mL 重蒸馏水，按同样操作步骤作空白试验。记录滴定空白时硫酸亚铁铵溶液的用量。平行测定 3 次。

测定实验数据用表 6-6 记录和处理。

五、实验数据处理

按下式计算废水的化学需氧量(COD)：

$$COD_{Cr}(O_2, mg \cdot L^{-1}) = \frac{8 \times c(V_0 - V_1) \times 10^3}{V}$$

式中　c——硫酸亚铁铵标准溶液的浓度，$mol \cdot L^{-1}$；

V_0——滴定空白时硫酸亚铁铵标准溶液的用量，mL；

V_1——滴定水样时硫酸亚铁铵标准溶液的用量，mL；

V——水样的体积，mL；

8——氧(1/2 O)摩尔质量，$g \cdot mol^{-1}$。

表 6-5　硫酸亚铁铵标准溶液的标定

编　号	1	2	3
$c_{1/6K_2Cr_2O_7}/mol \cdot L^{-1}$			
$V_{K_2Cr_2O_7}/mL$			
$V_{硫酸亚铁铵}/mL$			
$c_{硫酸亚铁铵}/mol \cdot L^{-1}$			
$c_{硫酸亚铁铵}$ 平均值 $/mol \cdot L^{-1}$			
绝对偏差 $/mol \cdot L^{-1}$			
平均偏差 $/mol \cdot L^{-1}$			
RAD/ %			

表 6-6　需氧量的测定

编　号	1	2	3
V/mL			
V_0/mL			
V_1/mL			
$COD_{Cr}/\text{mg} \cdot \text{L}^{-1}$			
COD_{Cr} 平均值 $/\text{mg} \cdot \text{L}^{-1}$			
绝对偏差 $/\text{mg} \cdot \text{L}^{-1}$			
平均偏差 $/\text{mg} \cdot \text{L}^{-1}$			
RAD/ %			

六、注意事项

（1）使用 0.4g 硫酸汞络合氯离子的最高量可达 40mg，如取用 20.00mL 水样，即最高可络合 2000mg·L^{-1} 氯离子浓度的水样。若氯离子浓度较低，亦可少加硫酸汞，使保持硫酸汞:氯离子 = 10:1（质量比）。若出现少量氯化汞沉淀，并不影响测定。

（2）水样取用体积可在 10.00 ~ 50.00mL 范围之间，但试剂用量及浓度需按表 6-7 进行相应调整，也可得到满意的结果。

表 6-7　水样取用量和试剂用量及浓度

水样体积/ mL	0.2500mol/L $K_2Cr_2O_7/\text{mL}$	$H_2SO_4 - Ag_2SO_4/$ mL	$HgSO_4/$ g	$(NH_4)_2Fe(SO_4)_2/$ mol·L^{-1}	滴定前总体积/ mL
10.0	5.0	15	0.2	0.050	70
20.0	10.0	30	0.4	0.100	140
30.0	15.0	45	0.6	0.150	210
40.0	20.0	60	0.8	0.200	280
50.0	25.0	75	1.0	0.250	350

（3）对于化学需氧量小于 50mg·L^{-1} 的水样，应改用 0.0250mol·L^{-1} 重铬酸钾标准溶液。回滴时用 0.01mol·L^{-1} 硫酸亚铁铵标准溶液。

（4）水样加热回流后，溶液中重铬酸钾剩余量应为加入量的 1/5 ~ 4/5 为宜。

（5）用邻苯二甲酸氢钾标准溶液检查试剂的质量和操作技术时，由于每克邻苯二甲酸氢钾的理论 COD 为 1.176g，所以溶解 0.4251g 邻苯二甲酸氢钾于重蒸馏水中，转入 1000mL 容量瓶，用重蒸馏水稀释至标线，使之成为 $500mg \cdot L^{-1}$ 的 COD 标准溶液。用时新配。

（6）COD 的测定结果应保留 3 位有效数字。

（7）每次实验时，应对硫酸亚铁铵标准溶液进行标定，室温较高时尤其应注意其浓度的变化。

七、思考题

与高锰酸钾法相比，重铬酸钾法测定 COD 有哪些优点？

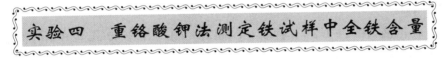

实验四　重铬酸钾法测定铁试样中全铁含量

一、实验目的

（1）学习和掌握无汞 $K_2Cr_2O_7$ 法测定铁矿等试样中铁的原理和操作步骤；

（2）熟悉二苯胺磺酸钠指示剂的作用原理。

二、实验原理

含铁试样包括各种铁矿石、可溶性铁盐等。铁矿石的种类很多，用于炼铁的主要有磁铁矿（Fe_3O_4）、赤铁矿（Fe_2O_3）和菱铁矿（$FeCO_3$）等。铁矿石或铁盐试样经 HCl 溶液溶解后，其中的铁转化为 Fe^{3+} 或 Fe^{2+}。在强酸性条件下，Fe^{3+} 可通过 $SnCl_2$ 还原为 Fe^{2+}。Sn^{2+} 将 Fe^{3+} 还原完后，甲基橙也可被 Sn^{2+} 还原成氢化甲基橙而褪色，因而甲基橙可指示 Fe^{3+} 还原终点。Sn^{2+} 还能继续使氢化甲基橙还原成 N，N－二甲基对苯二胺和对氨基苯磺酸钠。这样一来，略为过量的 Sn^{2+} 也被消除。由于这些反应是不可逆的，因此甲基橙的还原产物不消耗 $K_2Cr_2O_7$。

反应在 HCl 介质中进行，还原 Fe^{3+} 时 HCl 浓度以 $4mol \cdot L^{-1}$ 左右为好，于 $6mol \cdot L^{-1}$ 时 Sn^{2+} 则先还原甲基橙为无色，使其无法指示 Fe^{3+} 的还原，Cl^- 浓度过高也可能消耗 $K_2Cr_2O_7$；HCl 浓度低于 $2mol \cdot L^{-1}$ 则甲基橙褪色慢。反应完后，以二苯胺磺酸钠为指示剂，用 $K_2Cr_2O_7$ 标准溶液滴定至溶液呈紫色即为终点，主要反应式为

$$2FeCl_3 + SnCl_2 \xrightarrow{\hspace{1cm}} 2FeCl_2 + SnCl_4$$

$$6FeSO_4 + K_2Cr_2O_7 + 7H_2SO_4 \xrightarrow{\hspace{1cm}} 3Fe_2(SO_4)_3 + Cr_2(SO_4)_3 + K_2SO_4 + 7H_2O$$

滴定过程中生成的 Fe^{3+} 呈黄色，影响终点的观察，实验时在溶液中加入 $H_2SO_4 - H_3PO_4$ 混酸，其中的 H_3PO_4 与 Fe^{3+} 生成无色的 $Fe(HPO_4)_2^-$，可掩蔽 Fe^{3+}。同时由于 $Fe(HPO_4)_2^-$ 的生成，使得 Fe^{3+}/Fe^{2+} 电对的条件电位降低，滴定突跃增大，指示剂可在突跃范围内变色，从而减少滴定误差。Cu^{2+}、$As(V)$、$Ti(IV)$、$Mo(VI)$ 和 $Sb(V)$ 等离子存在时，可被 $SnCl_2$ 还原，同时又能被 $K_2Cr_2O_7$ 氧化，从而干扰铁的测定。

三、试剂和仪器

1. 试剂

$SnCl_2$ 溶液（$100g \cdot L^{-1}$）：称取 $10g\ SnCl_2 \cdot 2H_2O$ 溶于 $40mL$ 浓热 HCl 溶液中，加蒸馏水稀释至 $100mL$。

$SnCl_2$ 溶液（$50g \cdot L^{-1}$）：将 $100g \cdot L^{-1}$ 的 $SnCl_2$ 溶液稀释 1 倍。

硫磷混酸：将 $15mL$ 浓硫酸缓缓加入 $70mL$ 蒸馏水中，冷却后加入 $15mL\ H_3PO_4$，混匀。

$K_2Cr_2O_7$ 基准试剂：将 $K_2Cr_2O_7$ 在 $150 \sim 180℃$ 烘干 $2h$，放入干燥器冷却至室温。

甲基橙水溶液（$1g \cdot L^{-1}$），二苯胺磺酸钠水溶液（$2g \cdot L^{-1}$），浓 HCl 溶液。

2. 仪器

$50mL$ 酸式滴定管，$250mL$ 锥形瓶，$25.00mL$ 移液管，$250mL$ 容量瓶，电子分析天平，电热板，电炉等。

四、实验步骤

1. $K_2Cr_2O_7$ 标准溶液的配制

准确称取 $0.6 \sim 0.7g\ K_2Cr_2O_7$ 基准试剂于小烧杯中，加蒸馏水溶解后转移至 $250mL$ 容量瓶中，用蒸馏水稀释至刻度，摇匀，计算 $K_2Cr_2O_7$ 的浓度。

2. 铁矿石中全铁含量的测定

准确称取铁矿石粉 $1.0 \sim 1.5g$ 于 $250mL$ 烧杯中，用少量蒸馏水润湿后，加 $20mL$ 浓 HCl 溶液，盖上表面皿，在沙浴上加热 $20 \sim 30$ min，并不时摇动，避免沸腾。如有带色不溶残渣，可滴加 $100g \cdot L^{-1}\ SnCl_2$ 溶液 $20 \sim 30$ 滴助溶，试样分解完全时，剩余残渣应为白色或非常接近白色（即 SiO_2），此时可用少量蒸馏水吹洗表面皿及杯壁，冷却后将溶液转移到 $250mL$ 容量瓶中，加蒸馏水稀释至刻度，摇匀。

移取试样溶液 25.00mL 于 250mL 锥形瓶中，加 8mL 浓 HCl 溶液，加热至接近沸腾，加入 6 滴 $1g \cdot L^{-1}$ 甲基橙，边摇动锥形瓶边慢慢滴加 $100g \cdot L^{-1}$ $SnCl_2$ 溶液还原 Fe^{3+}，溶液由橙红色变为红色，再慢慢滴加 $50g \cdot L^{-1}$ $SnCl_2$ 溶液至溶液变为淡红色。若摇动后粉色褪去，说明 $SnCl_2$ 已过量，可补加 1 滴 $1g \cdot L^{-1}$ 甲基橙，以除去稍微过量的 $SnCl_2$，此时溶液如呈浅粉色最好，不影响滴定终点，$SnCl_2$ 切不可过量。然后，迅速用流水冷却，加 50mL 蒸馏水，20mL 硫磷混酸，4 滴 $2g \cdot L^{-1}$ 二苯胺磺酸钠。并立即用上述 $K_2Cr_2O_7$ 标准溶液滴定至出现稳定的紫红色。平行测定 3 次，计算试样中 Fe 的含量。

3. 可溶性铁盐中铁含量的测定

准确称取可溶性铁盐试样 0.4 ~ 0.5g（根据试样中大致的铁含量估算）于 250mL 锥形瓶中，用 10mL 水润湿后，加 8mL 浓 HCl 溶液，盖上表面皿，低温加热至近沸（小心！避免沸腾。最好用电热板加热）加入 1 ~ 2 滴甲基橙，边摇动锥形瓶边慢慢滴加 $5g \cdot L^{-1}$ $SnCl_2$ 溶液，溶液由橙红色变为红色，再慢慢滴加 $2g \cdot L^{-1}$ $SnCl_2$ 至溶液变为淡红色，若摇动后粉色褪去，说明 $SnCl_2$ 已过量，可补加 1 滴甲基橙，以除去稍微过量的 $SnCl_2$，此时溶液如呈浅粉色最好，不影响滴定终点，$SnCl_2$ 切不可过量。然后，迅速用流水冷却，加 50mL 蒸馏水，10mL 硫磷混酸，4 滴 $2g \cdot L^{-1}$ 二苯胺磺酸钠，并立即用 $K_2Cr_2O_7$ 标准溶液滴定至出现稳定的紫红色。平行测定 3 次，计算试样中 Fe 的含量。测定实验数据用表 6-8 记录和处理。

五、实验数据处理

表 6-8　铁试样中全铁含量

编　号	1	2	3
$m_{铁试样}/g$			
$m_{K_2Cr_2O_7}/g$			
$c_{K_2Cr_2O_7}/mol \cdot L^{-1}$			
$V_{K_2Cr_2O_7}/mL$			
$w_{Fe}/\%$			
w_{Fe}平均值/%			
绝对偏差/%			
平均偏差/%			
RAD/%			

六、思考题

（1）$K_2Cr_2O_7$ 为什么可以直接配制准确浓度的溶液？

（2）$K_2Cr_2O_7$ 法测定铁矿石中的铁时，滴定前为什么要加入 $H_2SO_4 - H_3PO_4$？加入 H_3PO_4 后为何要立即滴定？

（3）用 $SnCl_2$ 还原 Fe^{3+} 时，为何要在加热条件下进行？加入的 $SnCl_2$ 量不足或过量会给测试结果带来什么影响？

（4）分解铁矿石时，如果加热至沸会对结果产生什么影响？

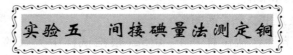

实验五　　间接碘量法测定铜

一、实验目的

（1）学习并掌握 $Na_2S_2O_3$ 溶液的配制及标定方法；

（2）学习并掌握间接碘量法测定铜的原理；

（3）学习铜试样的溶解处理方法。

二、实验原理

含铜试样包括各种铜合金、铜盐试样等。铜合金种类较多，主要有黄铜和各种青铜。铜试样中铜的含量一般采用碘量法测定。

在弱酸性溶液中（pH 值为 3 ~ 4），Cu^{2+} 与过量的 KI 作用，生成 CuI 沉淀和 I_2，析出的 I_2 可以淀粉为指示剂，用 $Na_2S_2O_3$ 标准溶液滴定。有关反应为

$$2Cu^{2+} + 4I^- \Longrightarrow 2CuI \downarrow + I_2 \quad 或：2Cu^{2+} + 5I^- \Longrightarrow 2CuI \downarrow + I_3^-$$

$$I_2 + 2S_2O_3^{2-} \Longrightarrow 2I^- + S_4O_6^{2-}$$

Cu^{2+} 与 I^- 之间的反应是可逆的，任何引起 Cu^{2+} 浓度减小（如形成络合物等）或引起 CuI 溶解度增大的因素均使反应不完全，加入过量 KI，可使 Cu^{2+} 的还原趋于完全。但是，CuI 沉淀强烈吸附 I_2，又会使结果偏低。通常的办法是在近终点时加入硫氰酸盐，将 CuI（$K_{sp} = 1.1 \times 10^{-12}$）转化为溶解度更小的 CuSCN 沉淀（$K_{sp} = 4.8 \times 10^{-15}$）。在沉淀的转化过程中，吸附的 I_2 被释放出来，从而被 $Na_2S_2O_3$ 溶液滴定，使分析结果的准确度得到提高。

硫氰酸盐应在接近终点时加入，否则 SCN^- 会还原大量存在的 I_2，致使测定结果偏低。溶液的 pH 值应控制在 3.0~4.0。酸度过低，Cu^{2+} 易水解，使反应不完全，结果偏低，而且反应速率慢，终点拖长；酸度过高，则 I^- 被空气中的氧氧化为 I_2（Cu^{2+} 催化此反应），使结果偏高。

Fe^{3+} 能氧化 I^-，对测定有干扰，可加入 NH_4HF_2 掩蔽。NH_4HF_2 是一种很好的缓冲溶液，因 HF 的 $K_a = 6.6 \times 10^{-4}$，故能使溶液的 pH 值保持在 3.0~4.0。

$Na_2S_2O_3$ 溶液的浓度常以 $K_2Cr_2O_7$、KIO_3 和纯铜作为基准试剂采用间接碘量法进行标定，以 $K_2Cr_2O_7$ 为基准物质的标定反应为：

$$Cr_2O_7^{2-} + 6I^- + 14H^+ \Longrightarrow 2Cr^{3+} + 3\ I_2 + 7H_2O$$

$$I_2 + 2S_2O_3^{2-} \Longrightarrow 2I^- + S_4O_6^{2-}$$

三、试剂和仪器

1. 试剂

（1）$Na_2S_2O_3$ 溶液（$0.1\ mol \cdot L^{-1}$）：称取 25g $Na_2S_2O_3 \cdot 5H_2O$ 于烧杯中，加入 300~500mL 新煮沸并冷却的蒸馏水，溶解后，加入约 0.1g Na_2CO_3。用新煮沸且冷却的蒸馏水稀释至 1L，储存于棕色试剂瓶中，在暗处放置 3~5 天后标定。

（2）$K_2Cr_2O_7$ 标准溶液：将 $K_2Cr_2O_7$ 在 150~180℃ 烘干 2h，放入干燥器冷却至室温，准确称取 1.2~1.4g $K_2Cr_2O_7$ 于小烧杯中，加蒸馏水溶解后转移至 250mL 容量瓶中，用蒸馏水稀释至刻度，摇匀，计算 $K_2Cr_2O_7$ 的浓度。

（3）淀粉溶液（$5g \cdot L^{-1}$）：称取 0.5g 可溶性淀粉，加少量的蒸馏水，搅匀，再加入 100mL 沸蒸馏水，搅匀。若需放置，可加入少量 HgI_2 或 H_3BO_3 作防腐剂。

（4）KI 溶液（$200g \cdot L^{-1}$）；NH_4SCN 溶液（$1mol \cdot L^{-1}$）；H_2O_2（30%，原装）；Na_2CO_3（固体）；H_2SO_4 溶液（$1mol \cdot L^{-1}$）；HCl 溶液（$6mol \cdot L^{-1}$）；NH_4HF_2 缓冲溶液（$200g \cdot L^{-1}$）；HAc 溶液（$7mol \cdot L^{-1}$）；氨水（$7mol \cdot L^{-1}$）；铜合金试样；铜盐试样。

2. 仪器

50mL 酸式滴定管，250mL 锥形瓶，25.00mL 移液管，250mL 容量瓶，电子分析天平，电热板，电炉等。

分析化学实验

四、实验步骤

1. 0.1mol·L^{-1}Na$_2$S$_2$O$_3$溶液的标定

1）用K$_2$Cr$_2$O$_7$标准溶液标定

准确移取25.00mL K$_2$Cr$_2$O$_7$标准溶液于锥形瓶中，加入5mL 6mol·L^{-1}HCl溶液、5mL 200g·L^{-1}KI溶液，摇匀，在暗处放置5 min后（让其反应完全），加入50mL蒸馏水，用待标定的0.1mol·L^{-1}Na$_2$S$_2$O$_3$溶液滴定至淡黄色，然后加入3mL 5g·L^{-1}淀粉指示剂，继续滴定至溶液呈现亮绿色即为终点。平行滴定3份，计算Na$_2$S$_2$O$_3$溶液的浓度。标定实验数据用表6-9记录和处理。

2）用纯铜标定

准确称取0.2g左右纯铜，置于250mL烧杯中，加入约10mL 6mol·L^{-1}HCl溶液，在摇动条件下逐滴加入2~3mL 30% H$_2$O$_2$（H$_2$O$_2$不应过量太多），至金属铜分解完全。加热，将多余的H$_2$O$_2$分解除尽，然后定量转入250mL容量瓶中，加蒸馏水稀释至刻度线，摇匀。

准确移取25.00mL纯铜溶液于250mL锥形瓶中，滴加7mol·L^{-1}氨水至刚好产生沉淀，然后加入8mL 7mol·L^{-1}HAc溶液、10mL 200g·L^{-1}NH$_4$HF$_2$溶液、10mL 200g·L^{-1}KI溶液，用0.1mol·L^{-1}Na$_2$S$_2$O$_3$溶液滴定至淡黄色，再加入3mL 5g·L^{-1}淀粉溶液，继续滴定至浅蓝色。再加入10mL 1mol·L^{-1}NH$_4$SCN溶液，继续滴定至溶液的蓝色消失即为终点，记下所消耗的Na$_2$S$_2$O$_3$溶液的体积，计算Na$_2$S$_2$O$_3$溶液的浓度。

2. 铜合金中铜含量的测定

准确称取0.10~0.15g黄铜试样（质量分数为80%~90%），置于250mL锥形瓶中，加入10mL 6mol·L^{-1}HCl溶液，滴加约2mL 30% H$_2$O$_2$，加热使试样溶解完全后，继续加热使H$_2$O$_2$完全分解，然后煮沸1~2 min。冷却后，加60mL蒸馏水，滴加7mol·L^{-1}氨水直到溶液中刚刚有稳定的沉淀出现，再加入8mL 7mol·L^{-1}HAc溶液、10mL 200g·L^{-1}NH$_4$HF$_2$缓冲溶液、10mL 200g·L^{-1}KI溶液，用0.1mol·L^{-1}Na$_2$S$_2$O$_3$溶液滴定至浅黄色。再加2mL 5g·L^{-1}淀粉指示剂，滴定至浅蓝色后，加入10mL 1mol·L^{-1}NH$_4$SCN溶液，继续滴定至蓝色消失。根据滴定所消耗的Na$_2$S$_2$O$_3$的体积计算Cu的质量分数。

3. 可溶性铜盐中铜含量的测定

准确称取0.4~0.5g铜盐试样于锥形瓶中，加入1mL 0.1mol·L^{-1}H$_2$SO$_4$溶

液、60mL 蒸馏水和 3mL KI 溶液，用 0.1mol · L^{-1} Na$_2$S$_2$O$_3$ 标准溶液滴定至浅黄色，然后加入 2mL 5g · L^{-1} 淀粉指示剂，继续用 Na$_2$S$_2$O$_3$ 滴定至浅蓝色后，加入 3mL NH$_4$SCN 溶液，再用 Na$_2$S$_2$O$_3$ 滴定至蓝色消失变为米色或浅肉红色即为终点，平行测定 3 次，计算铜盐试样中 Cu 的质量分数。注意此方法适用于不含铁的铜盐试样中铜含量的测定。

铜试样中铜含量的测定实验数据用表 6-10 记录和处理。

五、实验数据处理

表 6-9 Na$_2$S$_2$O$_3$ 溶液的标定

编　号	1	2	3
$m_{基准K_2Cr_2O_7}$/g			
$c_{K_2Cr_2O_7}$/mol · L^{-1}			
$V_{K_2Cr_2O_7}$/mL			
$V_{Na_2S_2O_3}$/mL			
$c_{Na_2S_2O_3}$/mol · L^{-1}			
Na$_2$S$_2$O$_3$平均浓度/mol · L^{-1}			
绝对偏差/mol · L^{-1}			
平均偏差/mol · L^{-1}			
RAD/%			

表 6-10 铜试样中铜含量的测定

编　号	1	2	3
$m_{铜试样}$/g			
$V_{Na_2S_2O_3}$/mL			
w_{Cu}/%			
w_{Cu}平均值/%			
绝对偏差/%			
平均偏差/%			
RAD/%			

六、思考题

(1)碘量法测定铜合金中的铜含量时，为什么要加入 NH$_4$HF$_2$？为什么临近终点时加入 NH$_4$SCN(或 KSCN)？

（2）已知 $E_{Cu^{2+}/Cu^+} = 0.159$ V，$E_{I^-/I^-} = 0.545$ V，为何本实验中 Cu^{2+} 却能将 I^- 氧化为 I_2？

（3）铜合金试样能否用 HNO_3 分解？本实验采用 HCl 和 H_2O_2 分解试样，试写出反应式。

（4）碘量法测定铜为什么要在弱酸性介质中进行？在用 $K_2Cr_2O_7$ 标定 $Na_2S_2O_3$ 溶液时，先加入 5mL 6mol·L^{-1} HCl 溶液，而用 $Na_2S_2O_3$ 溶液滴定时却要加入蒸馏水稀释，为什么？

（5）用纯铜标定 $Na_2S_2O_3$ 溶液时，如用 HCl 溶液加 H_2O_2 分解铜，最后 H_2O_2 未分解尽，则对标定 $Na_2S_2O_3$ 的浓度会有什么影响？

（6）标定 $Na_2S_2O_3$ 溶液的基准物质有哪些？以 $K_2Cr_2O_7$ 标定 $Na_2S_2O_3$ 时，终点的亮绿色是什么物质的颜色？

实验六　直接碘量法测定维生素 C 制剂及果蔬中抗坏血酸含量

一、实验目的

（1）学习并掌握碘标准溶液的配制和标定方法；
（2）学习直接碘量法测定抗坏血酸的原理和方法。

二、实验原理

维生素 C（Vitamin C）又称 L - 抗坏血酸，分子式为 $C_6H_8O_6$，为酸性己糖衍生物，是稀醇式己糖酸内酯，Vc 主要来源新鲜水果和蔬菜，是高等灵长类动物与其他少数生物的必需营养素，人类缺乏维生素 C 会造成坏血病。

维生素 C 具有还原性，可被 I_2 定量氧化，因而可用 I_2 标准溶液直接滴定。其滴定反应式为：

$$C_6H_8O_6 + I_2 =\!=\!= C_6H_6O_6 + 2\ HI$$

用直接碘量法可测定药片、注射液、饮料、蔬菜、水果等中的维生素 C 含量。

由于维生素 C 的还原性很强，较易被溶液和空气中的氧氧化，在碱性介质中这种氧化作用更强，因此滴定宜在酸性介质中进行，以减少副反应的发生。考虑到 I^- 在强酸性溶液中也易被氧化，故一般选在 pH 值为 $3 \sim 4$ 的弱酸性溶液中进行滴定。

三、试剂和仪器

1. 试剂

（1）I_2 溶液（约 $0.05mol \cdot L^{-1}$）：称取 3.2g I_2 和 5g KI，置于研钵中，加少量蒸馏水，在通风橱中研磨。待 I_2 全部溶解后，将溶液转入棕色试剂瓶中，加蒸馏水稀释至 250mL，充分摇匀，放暗处保存。

（2）$Na_2S_2O_3$ 标准溶液（约 $0.01mol \cdot L^{-1}$）：先配制 $0.1mol \cdot L^{-1} Na_2S_2O_3$ 标准溶液并标定，标定方法同实验五。然后准确移取 25.00mL $0.1mol \cdot L^{-1} Na_2S_2O_3$ 标准溶液于 250mL 容量瓶中，加水稀释至刻度，摇匀。

（3）淀粉溶液（$2g \cdot L^{-1}$），HAc 溶液（$2mol \cdot L^{-1}$），$K_2Cr_2O_7$ 标准溶液（约 $0.020mol \cdot L^{-1}$），KI 溶液（约 $200g \cdot L^{-1}$）。

（4）固体维生素 C 试样（维生素 C 片剂）。

（5）果蔬试样（如脐橙、西红柿、柑橘、草莓、青菜等）。

2. 仪器

50mL 酸式滴定管，250mL 锥形瓶，25.00mL 移液管，250mL 容量瓶，电子分析天平，组织捣碎机。

四、实验步骤

1. I_2 溶液的标定

用移液管移取 25.00mL $0.01mol \cdot L^{-1} Na_2S_2O_3$ 标准溶液于 250mL 锥形瓶中，加 50mL 蒸馏水，3mL $2g \cdot L^{-1}$ 淀粉溶液，然后用待标定的 I_2 溶液滴定至溶液呈浅蓝色，30s 内不褪色即为终点。平行标定 3 份，计算 I_2 溶液的浓度。标定实验数据用表 6-11 记录和处理。

2. 维生素 C 片剂中 Vc 含量的测定

准确称取约 0.2g 研碎了的维生素 C 药片，置于 250mL 锥形瓶中，加入 100mL 新煮沸过并冷却的蒸馏水、10mL $2mol \cdot L^{-1}$ HAc 溶液和 3mL $2g \cdot L^{-1}$ 淀粉溶液，立即用 I_2 标准溶液滴定至出现稳定的浅蓝色，且在 30s 内不褪色即为终点，记下消耗的 I_2 溶液体积。平行滴定 3 份，计算试样中抗坏血酸的质量分数。

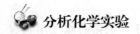

3. 果蔬试样中 Vc 含量的测定

用 100mL 干燥小烧杯准确称取 50g 左右捣碎了的果蔬试样(如脐橙,削皮后用绞碎机打成糊状),将其转入 250mL 锥形瓶中,用蒸馏水冲洗小烧杯 1 ~ 2 次。向锥形瓶中加入 10mL 2mol · L^{-1} HAc 溶液和 3mL 2g · L^{-1} 淀粉溶液,然后用 I$_2$ 标准溶液滴定至试液由红色变为蓝紫色即为终点,计算 Vc 的含量。测定实验数据用表 6-12 记录和处理。

五、实验数据处理

表 6-11 I$_2$ 溶液的标定

编　号	1	2	3
$c_{Na_2S_2O_3}$/mol · L^{-1}			
$V_{Na_2S_2O_3}$/mL			
c_{I_2}/mol · L^{-1}			
c_{I_2} 平均值/mol · L^{-1}			
绝对偏差/mol · L^{-1}			
平均偏差/mol · L^{-1}			
RAD/%			

表 6-12 果蔬试样中 Vc 含量的测定

编　号	1	2	3
$m_{果蔬试样}$/g			
V_{I_2}/mL			
Vc 含量/(mg/100g)			
Vc 含量平均值/(mg/100g)			
绝对偏差/(mg/100g)			
平均偏差/(mg/100g)			
RAD/%			

六、思考题

(1)溶解 I$_2$ 时,加入过量 KI 的作用是什么?

(2)维生素 C 固体试样溶解时为何要加入新煮沸并冷却的蒸馏水?

(3)碘量法的误差来源有哪些?应采取哪些措施减小误差?

第七章　沉淀滴定法

实验一　莫尔法测定可溶性氯化物和自来水中 Cl⁻ 含量

一、实验目的

(1)学习 $AgNO_3$ 标准溶液的配制和标定;

(2)掌握莫尔法滴定的原理和实验操作;

(3)学习并掌握微型滴定技术。

二、实验原理

某些可溶性氯化物(如食盐、KCl 等)中氯含量的测定可采用莫尔法,自来水等天然水样 Cl⁻ 含量的测定同样采用莫尔法。此法是在中性或弱碱性溶液中,以 K_2CrO_4 为指示剂,用 $AgNO_3$ 标准溶液进行中 Cl⁻ 含量滴定。由于 AgCl 沉淀的溶解度比 Ag_2CrO_4 小,因此,溶液中首先析出 AgCl 沉淀。当 AgCl 定量沉淀后,过量的 $AgNO_3$ 溶液即与 CrO_4^{2-} 生成砖红色 Ag_2CrO_4 沉淀,指示达到终点。反应式如下:

$$Ag^+ + Cl^- \rightleftharpoons AgCl\downarrow(白色) \qquad K_{sp} = 1.8 \times 10^{-1。}$$

$$2Ag^+ + CrO_4^{2-} \rightleftharpoons Ag_2CrO_4\downarrow(砖红色) \qquad K_{sp} = 2.0 \times 10^{-12}$$

滴定必须在中性或弱碱性溶液中进行,最适宜的 pH 值范围为 6.5 ~ 10.5。如果有铵盐存在,溶液的 pH 值需控制在 6.5 ~ 7.2。

指示剂的用量对滴定有影响,一般以 $5 \times 10^{-3} mol \cdot L^{-1}$ 为宜(指示剂必须定量加入)。溶液较稀时,如测定自来水等天然水样 Cl⁻ 含量时须作指示剂的空白校正。凡是能与 Ag^+ 生成难溶性化合物或络合物的阴离子都干扰测定，如 PO_4^{3-}、AsO_4^{3-}、SO_3^{2-}、S^{2-}、CO_3^{2-}、$C_2O_4^{2-}$ 等。其中 H_2S 可加热煮沸除去，将 SO_3^{2-} 氧化成 SO_4^{2-} 后就不再干扰测定。大量 Cu^{2+}，Ni^{2+}，Co^{2+} 等有色离子将影响终点观察。凡是能与 CrO_4^{2-} 指示剂生成难溶化合物的阳离子也干扰测定，如 Ba^{2+}、Pb^{2+} 能与 CrO_4^{2-} 分别生成 $BaCrO_4$ 和 $PbCrO_4$ 沉淀。Ba^{2+} 的干扰可通过加入过量的 Na_2SO_4 消除。Al^{3+}、Fe^{3+}、Bi^{3+}、Sn^{4+} 等高价金属离子因在中性或弱碱性溶液中易水解产生沉淀，也会干扰测定。

三、试剂和仪器

1．试剂

（1）NaCl 基准试剂：在 $500 \sim 600℃$ 高温炉中灼烧 0.5h 后，置于干燥器中冷却。也可将 NaCl 置于带盖的瓷坩埚中，加热，并不断搅拌，待爆炸声停止后，继续加热 15 min，将坩埚放入干燥器中冷却后使用。

（2）$AgNO_3$ 溶液（$0.05mol \cdot L^{-1}$，$0.01mol \cdot L^{-1}$），K_2CrO_4 溶液（$50g \cdot L^{-1}$），NaCl 试样等。

2．仪器

（1）常量滴定：50mL 酸式滴定管，100mL 容量瓶，250mL 容量瓶，250mL 锥形瓶，25mL 移液管等。

（2）微型滴定：5.000mL 微型滴定管，50mL 容量瓶，5.00mL 吸量管，50mL 锥形瓶等。

四、实验步骤

1．$AgNO_3$ 溶液的配制

1）$0.05mol \cdot L^{-1} AgNO_3$ 溶液的配制

称取 $2.0 \sim 2.2g$ $AgNO_3$ 溶解于 250mL 不含 Cl^- 的蒸馏水中，将溶液转入棕色试剂瓶中，置暗处保存，以防止光照分解，即得约 $0.05mol \cdot L^{-1}$ $AgNO_3$ 溶液。

2）$0.01mol \cdot L^{-1} AgNO_3$ 溶液的配制

用 25.00mL 移液管准确移取 50.00mL 上述 $AgNO_3$ 溶液于 250mL 容量瓶中，加蒸馏水稀释至刻度，即得 $0.01mol \cdot L^{-1}$ $AgNO_3$ 溶液。

如实验仅需测定自来水中的氯含量，即可采用以下方法配制 $0.01mol \cdot L^{-1}$ $AgNO_3$ 溶液。

用分析天平粗略称取 0.40~0.45g 硝酸银溶解于 250mL 蒸馏水中，摇匀后储存于带玻璃塞的棕色试剂瓶中，即可配得 0.01mol·L⁻¹ AgNO₃ 溶液，待标定。

2．AgNO₃ 溶液的标定（常量滴定）

1）0.05mol·L⁻¹ AgNO₃ 溶液的标定

准确称取 0.25~0.30g NaCl 基准物于小烧杯中，用蒸馏水溶解后，定量转入 100mL 容量瓶中，以蒸馏水稀释至刻度，摇匀。

用移液管移取 25.00mL NaCl 溶液于 250mL 锥形瓶中，加入 25mL 蒸馏水（沉淀滴定中，为减少沉淀对被测离子的吸附，一般滴定的体积以大些为好，故需加蒸馏水稀释试液），用吸量管加入 1mL 50g·L⁻¹ K₂CrO₄ 溶液，在不断摇动条件下，用待标定的 0.05mol·L⁻¹ AgNO₃ 溶液滴定至呈现砖红色即为终点（银为贵金属，含 AgCl 的废液应回收处理）。平行标定 3 份，根据 AgNO₃ 溶液的体积和 NaCl 的质量，计算 0.05mol·L⁻¹ AgNO₃ 溶液的准确浓度。

用此 0.05mol·L⁻¹ AgNO₃ 标准溶液稀释配制的 0.01mol·L⁻¹ AgNO₃ 标准溶液的准确浓度即为前者准确浓度的 1/5。

2）0.01mol·L⁻¹ AgNO₃ 溶液的标定

准确称取 0.14~0.16g NaCl 基准试剂于小烧杯中，用蒸馏水溶解后定量转移至 250mL 容量瓶中，稀释至刻度，摇匀。移取该溶液 25.00mL 置于锥形瓶中，加入 3~4 滴 50g·L⁻¹ K₂CrO₄ 指示剂，在充分摇动下。用 0.01mol·L⁻¹ AgNO₃ 溶液滴定至呈现砖红色即为终点。平行测定 3 份。计算 AgNO₃ 溶液的平均浓度。

标定实验数据用表 7-1 记录和处理。

3．AgNO₃ 溶液的标定（微型滴定）

准确称取 0.25~0.30g NaCl 基准物于 50mL 烧杯中，用蒸馏水溶解后，定量转入 50mL 容量瓶中，以蒸馏水稀释至刻度，摇匀。

用 5.00mL 吸量管移取 3.00mL NaCl 标准溶液于 50mL 锥形瓶中，加入 5mL 蒸馏水，用吸量管加入 0.15mL 50g·L⁻¹ K₂CrO₄ 溶液，在不断摇动条件下，用待标定的 0.05mol·L⁻¹ AgNO₃ 溶液滴定至呈现砖红色即为终点。平行测定 3 份，根据 AgNO₃ 溶液的体积和 NaCl 的质量，计算 AgNO₃ 溶液的准确浓度。

4．可溶性氯化物（食盐）中 Cl⁻ 含量的测定

1）常量滴定

准确称取 1.4~1.8g 食盐试样于烧杯中，加蒸馏水溶解后，定量转入 250mL 容量瓶中，用蒸馏水稀释至刻度，摇匀。用移液管移取 25.00mL 试液于 250mL

锥形瓶中，加入 25mL 蒸馏水，用 1mL 吸量管加入 1mL 50g·L^{-1}K$_2$CrO$_4$ 溶液，在不断摇动条件下，用 0.05mol·L^{-1}AgNO$_3$ 标准溶液滴定至溶液出现砖红色即为终点。平行测定 3 份，计算试样中氯的含量。

2）微型滴定

准确称取 0.25 ~ 0.30g 食盐试样于 50mL 烧杯中，用蒸馏水溶解后，定量转入 50mL 容量瓶中，以蒸馏水稀释至刻度，摇匀。

用 5.00mL 吸量管移取 3.00mL 食盐试样溶液于 50mL 锥形瓶中，加入 5mL 蒸馏水，用吸量管加入 0.15mL 50g·L^{-1} K$_2$CrO$_4$ 溶液，在不断摇动的条件下，用 0.05mol·L^{-1}AgNO$_3$ 标准溶液滴定至呈现砖红色即为终点。平行测定 3 份，平行测定 3 份，计算试样中氯的含量。

实验完毕后，将装 AgNO$_3$ 溶液的滴定管用蒸馏水洗 3 ~ 4 次，不能用自来水洗，以免 AgCl 残留于管内。

测定实验数据用表 7-2 记录和处理。

5. 自来水中 Cl$^-$ 含量的测定（常量滴定）

用 500mL 烧杯盛入 400 ~ 500mL 自来水。用 25.00mL 移液管准确移取 100.0mL 自来水样于 250mL 锥形瓶中，用 1mL 吸量管加入 1mL 50g·L^{-1}K$_2$CrO$_4$ 溶液，在不断摇动的条件下，用 0.01mol·L^{-1}AgNO$_3$ 标准溶液滴定至溶液出现橙红色即为终点。平行测定 3 份，计算自来水样中 Cl$^-$ 的含量。

另取用 25.00mL 移液管准确移取 100.0mL 蒸馏水做空白试验。

测定实验数据用表 7-3 记录和处理。

五、实验数据处理

表 7-1 AgNO$_3$ 溶液的标定

编 号	1	2	3
$m_{基准NaCl}$/g			
V_{AgNO_3}/mL			
c_{AgNO_3}/mol·L^{-1}			
c_{AgNO_3}平均值 /mol·L^{-1}			
绝对偏差/mol·L^{-1}			
平均偏差/mol·L^{-1}			
RAD/%			

表 7 - 2　食盐中氯含量的测定

编　号	1	2	3
$m_{食盐}/g$			
V_{AgNO_3}/mL			
$w_{Cl^-}/\%$			
w_{Cl^-} 平均值/%			
绝对偏差/%			
平均偏差/%			
$RAD/\%$			

表 7 - 3　自来水中 Cl^- 含量的测定

编　号	1	2	3
$V_{自来水样}/mL$			
V_{AgNO_3}/mL			
空白试验 $AgNO_3$ 体积/mL			
空白试验 $AgNO_3$ 平均体积/mL			
$w_{Cl^-}/g \cdot L^{-1}$			
w_{Cl^-} 平均值/$g \cdot L^{-1}$			
绝对偏差/$g \cdot L^{-1}$			
平均偏差/$g \cdot L^{-1}$			
$RAD/\%$			

六、思考题

(1)莫尔法测氯时,为什么溶液的 pH 值需控制在 6.5 ~ 10.5?

(2)以 K_2CrO_4 作指示剂时,指示剂浓度过大或过小对测定有何影响?

实验二　佛尔哈德法测定氯化物中氯含量

一、实验目的

(1)学习 NH_4SCN 标准溶液的配制和标定;

(2)掌握用佛尔哈德法测定可溶性氯化物中氯含量的原理和方法;

(3)学习并掌握微型滴定技术。

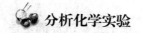

二、实验原理

在含 Cl^- 的酸性试液中，加入一定量且过量的 Ag^+ 标准溶液，定量生成 $AgCl$ 沉淀后，过量 Ag^+ 以铁铵矾(结晶硫酸铁铵)作指示剂，用 NH_4SCN 标准溶液返滴定，由于终点时反应生成红色 $Fe(SCN)^{2+}$ 络离子，溶液由无色变为红色指示滴定终点。反应如下：

$$Ag^+ + Cl^- \longrightarrow AgCl\downarrow(白色) \qquad K_{sp} = 1.8 \times 10^{-10}$$
$$Ag^+ + SCN^- \longrightarrow AgSCN\downarrow(白色) \qquad K_{sp} = 1.0 \times 10^{-12}$$
$$Fe^{3+} + SCN^- \longrightarrow Fe(SCN)^{2+}(红色) \qquad K_1 = 138$$

指示剂用量大小对滴定有影响，一般控制 Fe^{3+} 浓度为 $0.015mol \cdot L^{-1}$ 为宜。滴定时，控制氢离子浓度为 $0.1 \sim 1mol \cdot L^{-1}$，剧烈摇动溶液，并加入硝基苯(有毒)或石油醚保护 $AgCl$ 沉淀，使其与溶液隔开，防止 $AgCl$ 沉淀与 SCN^- 发生置换反应而消耗滴定剂。

能与 SCN^- 生成沉淀或生成络合物，或能氧化 SCN^- 的物质均有干扰。PO_4^{3-}、AsO_4^{3-}、CrO_4^{2-} 等离子，由于酸效应的作用不影响测定。

佛尔哈德法常用于直接测定银合金和矿石中的银的含量。

三、试剂和仪器

1. 试剂

(1)$AgNO_3$ 溶液($0.1mol \cdot L^{-1}$)：称取 $4.0 \sim 4.5g$ $AgNO_3$ 溶解于 $250mL$ 不含 Cl^- 的蒸馏水中，将溶液转入棕色试剂瓶中，置暗处保存，以防止光照分解，即得约 $0.1mol \cdot L^{-1}$ $AgNO_3$ 溶液。

(2)NH_4SCN 溶液($0.1mol \cdot L^{-1}$)：称取 $3.8g$ NH_4SCN，用 $500mL$ 蒸馏水溶解后转入试剂瓶中。

(3)铁铵矾指示剂($400g \cdot L^{-1}$)。

(4)HNO_3 溶液($8mol \cdot L^{-1}$)：若含有氮的氧化物而呈黄色时，应煮沸去除氮化合物。

(5)硝基苯，食盐试样。

2. 仪器

(1)常量滴定：50mL 酸式滴定管，100mL 容量瓶，250mL 容量瓶，250mL 锥形瓶，25mL 移液管等。

（2）微型滴定：5.000mL 微型滴定管，50mL 容量瓶，5.00mL 吸量管，50mL 锥形瓶等。

四、实验步骤

1. AgNO₃ 溶液的标定

准确称取 0.5 ~ 0.65g NaCl 基准物于小烧杯中，用蒸馏水溶解后，定量转入 100mL 容量瓶中，以蒸馏水稀释至刻度，摇匀。

用移液管移取 25.00mL NaCl 溶液于 250mL 锥形瓶中，加入 25mL 蒸馏水（沉淀滴定中，为减少沉淀对被测离子的吸附，一般滴定的体积以大些为好，故需加蒸馏水稀释试液），用吸量管加入 1mL 50g·L⁻¹K₂CrO₄ 溶液，在不断摇动条件下，用待标定的 0.1mol·L⁻¹AgNO₃ 溶液滴定至呈现砖红色即为终点（银为贵金属，含 AgCl 的废液应回收处理）。平行滴定 3 份，根据 AgNO₃ 溶液的体积和 NaCl 的质量，计算 0.1mol·L⁻¹AgNO₃ 溶液的准确浓度。标定实验数据用表 7-4 记录和处理。

2. NH₄SCN 溶液的标定

1）常量滴定

用移液管移取 25.00mL 0.1mol·L⁻¹AgNO₃ 标准溶液于 250mL 锥形瓶中，加入 5mL 8mol·L⁻¹HNO₃ 溶液、1.0mL 400g·L⁻¹铁铵矾指示剂，然后用 50mL 滴定管装入待标定的 NH₄SCN 溶液滴定。滴定时，剧烈振荡溶液，当滴至溶液颜色稳定为淡红色时即为终点。平行滴定 3 份，计算 NH₄SCN 溶液浓度。

2）微型滴定

用吸量管移取 3.00mL 0.1mol·L⁻¹AgNO₃ 标准溶液于 50mL 锥形瓶中，加入 1mL 8mol·L⁻¹HNO₃ 溶液、0.20mL 400g·L⁻¹铁铵矾指示剂，然后用 5.000mL 滴定管装入待标定的 NH₄SCN 溶液滴定。滴定时，剧烈振荡溶液，当滴至溶液颜色稳定为淡红色时即为终点。平行滴定 3 份，计算 NH₄SCN 溶液浓度。

标定实验数据用表 7-5 记录和处理。

3. 试样分析

1）常量滴定

准确称取约 1.4 ~ 1.8g NaCl 试样于 50mL 烧杯中，加蒸馏水溶解后，定量转入 250mL 容量瓶中，稀释至刻度，摇匀。

用移液管移取 25.00mL 试样溶液于 250mL 锥形瓶中，加 25mL 蒸馏水、5mL 8mol·L⁻¹HNO₃ 溶液，用滴定管加入 0.1mol·L⁻¹ AgNO₃ 标准溶液至过量 5 ~

10mL(加入 AgNO₃ 溶液时，生成白色 AgCl 沉淀，接近计量点时，AgCl 要凝聚，振荡溶液，再让其静置片刻，使沉淀沉降，然后加入几滴 AgNO₃ 到清液层。如不生成沉淀，说明 AgNO₃ 已过量，这时，再适当过量 5 ~ 10mL AgNO₃ 溶液即可，记下所加入的 AgNO₃ 标准溶液体积)。然后，加入 2mL 硝基苯，用橡胶塞塞住瓶口，剧烈振荡 30s，使 AgCl 沉淀进入硝基苯层而与溶液隔开。再加入 1.0mL 400g·L⁻¹ 铁铵矾指示剂，用 NH₄SCN 标准溶液滴至出现 Fe(SCN)²⁺ 络合物的淡红色稳定不变时即为终点。平行测定 3 份，计算 NaCl 试样中的氯的含量。

2)微型滴定

准确称取约 0.25 ~ 0.35g NaCl 试样于 50mL 烧杯中，加蒸馏水溶解后，定量转入 50mL 容量瓶中，稀释至刻度，摇匀。

用吸量管准确移取 3.00mL 试样溶液于 50mL 锥形瓶中，加 5mL 蒸馏水、1mL 8mol·L⁻¹ HNO₃ 溶液，用 5.000mL 滴定管加入 0.1mol·L⁻¹ AgNO₃ 标准溶液至过量 1 ~ 2mL(加入 AgNO₃ 溶液时，生成白色 AgCl 沉淀，接近计量点时，AgCl 要凝聚，振荡溶液，再让其静置片刻，使沉淀沉降，然后加入几滴 AgNO₃ 到清液层。如不生成沉淀，说明 AgNO₃ 已过量，这时，再适当过量 1 ~ 2mL AgNO₃ 溶液即可，记下所加入的 AgNO₃ 标准溶液体积)。然后，加入 0.3mL 硝基苯，用橡胶塞塞住瓶口，剧烈振荡 30s，使 AgCl 沉淀进入硝基苯层而与溶液隔开。再加入 0.20mL 400g·L⁻¹ 铁铵矾指示剂，用 NH₄SCN 标准溶液滴至出现 Fe(SCN)²⁺ 络合物的淡红色稳定不变时即为终点。平行测定 3 份，计算 NaCl 试样中的氯的含量。

测定实验数据用表 7-6 记录和处理。

五、实验数据处理

表 7-4　0.1mol·L⁻¹ AgNO₃ 溶液的标定

编　号	1	2	3
$m_{\text{基准NaCl}}/\text{g}$			
$V_{\text{AgNO}_3}/\text{mL}$			
$c_{\text{AgNO}_3}/\text{mol}\cdot\text{L}^{-1}$			
c_{AgNO_3}平均值 $/\text{mol}\cdot\text{L}^{-1}$			
绝对偏差 $/\text{mol}\cdot\text{L}^{-1}$			
平均偏差 $/\text{mol}\cdot\text{L}^{-1}$			
$RAD/\%$			

表 7-5　0.1mol·L^{-1} NH$_4$SCN 溶液的标定

编　号	1	2	3
V_{AgNO_3}/mL			
V_{NH_4SCN}/mL			
c_{NH_4SCN}/mol·L^{-1}			
c_{NH_4SCN}平均值/mol·L^{-1}			
相对偏差/%			
RAD/%			

表 7-6　氯含量的测定

编　号	1	2	3
$m_{食盐}$/g			
V_{AgNO_3}/mL			
V_{NH_4SCN}/mL			
w_{Cl^-}/%			
w_{Cl^-}平均值/%			
相对偏差/%			
RAD/%			

六、思考题

(1)佛尔哈德法测氯时，为什么要加入石油醚或硝基苯？当用此法测定 Br$^-$、I$^-$时，还需加入石油醚或硝基苯吗？

(2)试讨论酸度对佛尔哈德法测定卤素离子含量的影响。

(3)本实验溶液为什么用 HNO$_3$ 酸化？可否用 HCl 溶液或 H$_2$SO$_4$ 酸化？为什么？

第八章　重量分析实验

实验一　硫酸盐中硫的测定

一、实验目的

(1)学习晶形沉淀的生成原理和沉淀条件;

(2)学习并掌握晶形沉淀的生成、过滤、洗涤和灼烧的操作技术;

(3)测定可溶性硫酸盐中硫的含量,并用换算因数计算测定结果。

二、实验原理

测定可溶性硫酸盐中硫含量所用的经典方法,都是用 Ba^{2+} 将 SO_4^{2-} 沉淀为 $BaSO_4$,沉淀经过滤、洗涤和灼烧后,以 $BaSO_4$ 形式称量,从而求得 S 或 SO_3 含量。

$BaSO_4$ 的溶解度很小($K_{sp} = 1.1 \times 10^{-10}$),100mL 溶液在 25℃ 时仅溶解 0.25mg,利用同离子效应,在过量沉淀剂存在下,溶解度更小,一般可以忽略不计。用 $BaSO_4$ 重量法测定 SO_4^{2-} 时,沉淀剂 $BaCl_2$ 因灼烧时不易挥发除去,因此只允许过量 20% ~ 30%。用 $BaSO_4$ 重量法测定 Ba^{2+} 时,一般用稀 H_2SO_4 作沉淀剂。由于 H_2SO_4 在高温下可挥发除去,故 $BaSO_4$ 沉淀带下的 H_2SO_4 不致于引起误差,因而沉淀剂可过量 50% ~ 100%。$BaSO_4$ 性质非常稳定,干燥后的组成与分子式符合。若沉淀的条件控制不好,$BaSO_4$ 易生成细小的晶体,过滤时易穿过滤纸,引起沉淀的损失,因此进行沉淀时,必须注意创造和控制有利于形成较大晶体的条件,如在搅拌条件下将沉淀剂的稀溶液滴加入试样溶液、采用陈化步骤等。

为了防止生成 $BaCO_3$、$Ba_3(PO_4)_2$(或 $BaHPO_4$)及 $Ba(OH)_2$ 等沉淀,应在酸

性溶液中进行沉淀。同时适当提高酸度，增加 $BaSO_4$ 的溶解度，以降低其相对过饱和度，有利于获得颗粒较大的纯净而易于过滤的沉淀，一般在 $0.05mol \cdot L^{-1}$ 左右 HCl 溶液中进行沉淀。溶液中也不允许有酸不溶物和易被吸附的离子（如 Fe^{3+}、NO_3^- 等离子）存在，否则应预先予以分离或掩蔽。Pb^{2+}、Sr^{2+} 干扰测定。

用 $BaSO_4$ 重量法测定 SO_4^{2-} 离子这一方法应用很广。磷肥、萃取磷酸、水泥以及有机物中硫含量等都可用此法分析。

三、试剂和仪器

1. 试剂

$2mol \cdot L^{-1}$ HCl 溶液，$100g \cdot L^{-1}$ $BaCl_2$ 溶液，$0.1mol \cdot L^{-1}$ $AgNO_3$ 溶液，$6mol \cdot L^{-1}$ HNO_3 溶液，无水 Na_2SO_4（试样）。

2. 仪器

高温电炉，瓷坩埚 2 只，坩埚钳 1 把，定性滤纸（7～9cm），慢速或中速定量滤纸，电子分析天平，干燥器，玻璃漏斗等。

四、实验步骤

1. 试样及沉淀的制备

准确称取在 100～120℃ 干燥过的试样（无水 Na_2SO_4）0.2～0.3g，置于 400mL 烧杯中，用 25mL 水溶解，加入 $2mol \cdot L^{-1}$ HCl 溶液 5mL，用水稀释至约 200mL。将溶液加热至沸，在不断搅拌下逐滴加入 5～6mL $100g \cdot L^{-1}$ 热 $BaCl_2$ 溶液（预先稀释约 1 倍并加热），静置 1～2 min 让沉淀沉降，然后在上层清液中加 1～2 滴 $BaCl_2$ 溶液，检查沉淀是否完全。此时若无沉淀或浑浊产生，表示沉淀已经完全，否则应再加 1～2mL $BaCl_2$ 稀溶液，直至沉淀完全。然后将溶液微沸 10 min，在约 90℃ 下保温陈化约 1h。

2. 过滤与洗涤

陈化后的沉淀和上清液冷却至室温，用定量滤纸倾泻法过滤。用热蒸馏水洗涤沉淀至洗液无 Cl^- 为止。

3. 空坩埚恒重

将两只洁净的瓷坩埚，放在 800℃ ± 20℃ 马弗炉中灼烧至恒重。第一次灼烧 40 min，第二次及以后每次灼烧 20 min。

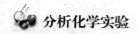

4. 沉淀的灼烧和恒重

将沉淀和滤纸移入已在 800～850℃ 灼烧至恒重的瓷坩埚中，烘干、灰化后，再在 800～850℃ 灼烧至恒重。根据所得 $BaSO_4$ 质量，计算试样中含硫（或 SO_3）质量分数。

按表 8-1 记录实验数据，根据 $BaSO_4$ 的质量计算试样中含硫（或 SO_3）的质量分数。

五、实验数据处理

表 8-1　硫的测定

编　号	1	2	3
$m_{试样}$/g			
m_1（空坩埚）/g			
m_2（空坩埚 + 灼烧后 $BaSO_4$）/g			
$m_2 - m_1$（$BaSO_4$ 净重）/g			
试样中 S 或 SO_3 含量/%			
平均值/%			
相对偏差/%			

六、思考题

(1) 重量法所称试样质量应根据什么原则计算？

(2) 加 $100g \cdot L^{-1}$ 的沉淀剂 $BaCl_2$ 溶液 5～6mL 的依据是应该怎样计算得到的？反之，如果用 H_2SO_4 沉淀 Ba^{2+}，H_2SO_4 用量应如何计算？

(3) 为什么试液和沉淀剂都要预先稀释，而且试液要预先加热？

(4) 沉淀完毕后，为什么要将沉淀与母液一起保温放置一段时间后才进行过滤？

(5) 洗涤至无 Cl^- 的目的和检查 Cl^- 的方法如何？

(6) 为什么要控制在一定酸度的盐酸介质中进行沉淀？

(7) 用倾泻法过滤有什么优点？

(8) 什么叫恒重？怎样才能把灼烧后的沉淀称准？

一、实验目的

(1)学习草酸盐重量法测定混合稀土氧化物中稀土总量的原理和方法；

(2)掌握晶形沉淀的制备、过滤、洗涤、灼烧及恒重等的基本操作技术。

二、实验原理

试样经盐酸分解后，在 pH = 1.8 ~ 2 的条件下用草酸沉淀稀土，沉淀经过滤、洗涤，于 900℃ 将草酸稀土灼烧成稀土氧化物，以 RE_2O_3 形式称量，从而求得 RE 含量或 RE_2O_3 含量(即稀土总量)。化学反应方程式为：

$$2RECl_3 + 3H_2C_2O_4 =\!=\!= RE_2(C_2O_4)_3 \downarrow + 6HCl$$
$$RE_2(C_2O_4)_3 =\!=\!= RE_2O_3 + 3CO_2 \uparrow + 3CO \uparrow$$

三、试剂和仪器

1. 试剂

盐酸(1:1)、氨水(1:1)，草酸溶液($25g \cdot L^{-1}$)，草酸洗液($2g \cdot L^{-1}$)，甲酚红酒精溶液($1g \cdot L^{-1}$)。

2. 仪器

电子分析天平(感量 0.1mg)，高温电炉(温度 > 900℃)，瓷坩埚，慢速或中速定量滤纸，干燥器，玻璃漏斗等。

四、实验步骤

1. 称样及沉淀制备

准确称取稀土氧化物样品 0.15 ~ 0.2g 置于 250mL 烧杯中，加 3 ~ 4mL 盐酸(1:1)，盖上表面皿，低温加热使样品溶解，再低温加热至溶液残留约 0.5mL(近干)，取下稍冷，加水使盐类溶解，再加水至 100mL，煮沸。

缓慢加入 25mL 近沸的 $50g \cdot L^{-1}$ 草酸溶液，并用玻璃棒不断搅拌，沉淀完成后加 4 滴 $1g \cdot L^{-1}$ 甲酚红溶液，用氨水(1:1)调至溶液呈桔黄色(pH = 1.8 ~ 2)，保温陈化 30 min。

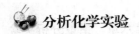

2．沉淀过滤及洗涤

用中速定量滤纸倾泻法过滤。用 $2g \cdot L^{-1}$ 草酸洗液洗涤烧杯 3~5 次，用小块滤纸擦净烧杯，将沉淀全部转移至滤纸上，洗涤沉淀 3~5 次。

3．沉淀的灼烧称量

将折叠好的沉淀滤纸包放入已称重的瓷坩埚中，在电炉上加热，将沉淀和滤纸灰化，再将坩埚于 900℃ 高温炉中灼烧 40 min，再在 900℃ 灼烧至恒重。稍冷后转移至干燥器中，冷却至室温，称取坩埚及样品重量。重复操作，直至恒重。计算样品中稀土氧化物的含量。

按表 8-2 记录和处理实验数据，计算试样中稀土氧化物的含量。

五、实验数据处理

表 8-2   稀土总量的测定

编　号	1	2	3
$m_{试样}/g$			
m_1（空坩埚）/g			
m_2（空坩埚 + 灼烧后 RE_2O_3）/g			
$m_2 - m_1$（RE_2O_3 净重）/g			
$w_{RE_2O_3}/\%$			
$w_{RE_2O_3}$ 平均值/%			
相对偏差/%			

六、思考题

（1）为什么要在热的溶液中且不断搅拌下逐渐加入热的草酸沉淀剂？晶形沉淀为何要陈化？

（2）洗涤沉淀时，为什么用洗涤液或水都要少量而多次？

第九章 光分析法实验

一、实验目的

(1)了解分光光度计的结构和使用方法;

(2)学习如何选择吸光光度分析的实验条件。

二、实验原理

在可见光区进行吸光光度测量时,如果被测组分本身颜色很浅,或者无色,那么就要用显色剂与其反应,生成有色化合物,然后进行测量。显色反应受到各种因素的影响,如溶液的酸度、显色剂的用量、有色溶液的稳定性、温度、溶剂、干扰物质等,在什么条件下进行测定需通过实验来确定。本实验将通过 Fe^{2+} – 邻二氮菲显色反应的几个条件试验,学习如何确定一个光度分析方法的实验条件。

在 pH 值为 2 ~ 9 的溶液中,邻二氮菲与 Fe^{2+} 反应生成稳定的橙红色络合物:

其 $lg\beta_3 = 21.3$,摩尔吸收系数 $\varepsilon = 1.1 \times 10^4 \ L \cdot mol^{-1} \cdot cm^{-1}$。如果铁为三价状态时,可用盐酸羟胺还原:

$$2Fe^{3+} + 2NH_2OH \Longrightarrow 2Fe^{2+} + 2H^+ + N_2\uparrow + 2H_2O$$

邻二氮菲还能与许多金属离子形成络合物，其中有些是较稳定的（如 Cu^{2+}，Co^{2+}，Ni^{2+}，Cd^{2+}，Hg^{2+}，Mn^{2+}，Zn^{2+} 等），有些还呈不很深的颜色（如 Cu^{2+}，Co^{2+}，Ni^{2+} 等）。当这些离子少量存在时，加入足够过量的邻二氮菲，便不会影响 Fe^{2+} 的测定；当这些离子大量存在时，可用 EDTA 等掩蔽或预先分离。但 Cu^{2+} 与邻二氮菲反应生成稳定的橙红色络合物，干扰 Fe^{2+} 的测定。

条件试验的简单方法通常采用单因素法：变动某实验条件，固定其余条件，测得一系列吸光度值，绘制吸光度-某实验条件的曲线，根据曲线确定某实验条件的适宜值。

三、试剂和仪器

1. 试剂

（1）铁标准溶液（1.00×10^{-3} mol·L^{-1}，0.5mol·L^{-1} HCl 溶液）：准确称取 0.4822g $NH_4Fe(SO_4)_2 \cdot 12H_2O$，置于烧杯中，加入 80mL 6mol·$L^{-1}$ HCl 溶液和适量蒸馏水，溶解后转移至 1L 容量瓶中，用蒸馏水稀释至刻度，摇匀。

（2）邻二氮菲溶液：1.5g·L^{-1}。

（3）盐酸羟胺（$NH_2OH \cdot HCl$）水溶液（100g·L^{-1}）。

（4）NaAc 溶液（1mol·L^{-1}）。

（5）NaOH 溶液（0.5mol·L^{-1}）。

2. 仪器

可见分光光度计，25mL 比色管 8 支（或容量瓶 8 个），1mL、2mL、5mL 吸量管等。

四、实验步骤

1. 吸收曲线的绘制

用吸量管吸取 1.0mL1.00×10^{-3} mol·L^{-1} 的铁标准溶液于 25mL 比色管（或容量瓶，下同）中，加入 0.5mL 100g·L^{-1} 的盐酸羟胺溶液，摇匀（原则上每加入一种试剂后都要摇匀）。再加入 1.0mL 1.5g·L^{-1} 邻二氮菲溶液、2.5mL1mol·L^{-1} 的 NaAc 溶液，以蒸馏水稀释至刻度，摇匀。放置 10 min。在可见分光光度计上，用 1cm 的比色皿，以蒸馏水为参比溶液，从 450nm 至 550nm 每改变 10nm 测定一次吸光度。然后，绘制 $A-\lambda$ 吸收曲线（若用紫外-可见分光光度计，则在 450～550nm 自动扫描，测定 $A-\lambda$ 吸收曲线），从吸收曲线上选择测定铁的适宜波长，一般选用最大吸收波长(λ_{max})。

2. 显色剂用量的确定

取 7 个 25mL 比色管，各加入 1.0mL 1.00×10^{-3} mol·L^{-1} 铁标准溶液和 0.5mL 100g·L^{-1} 的盐酸羟胺溶液，摇匀。用吸量管分别加入 0.1mL、0.2mL、0.3mL、0.5mL、0.75mL、1.0mL、2.0mL 1.5g·L^{-1} 的邻二氮菲溶液，然后加入 2.5mL 1mol·L^{-1} 的 NaAc 溶液，用蒸馏水稀释至刻度，摇匀。放置 10 min，在可见分光光度计(或紫外－可见分光光度计)上，用 1cm 的比色皿，选择适宜(由步骤 1 所选定的)波长，以蒸馏水为参比，分别测其吸光度。在坐标纸上以加入的邻二氮菲体积(或浓度)为横坐标，相应的吸光度为纵坐标，绘制 $A - V_R$(显色剂体积)曲线，确定测定过程中，应加入的显色剂最佳体积。

3. 溶液酸度影响

取 8 个 25mL 比色管，各加入 1.0mL 1.00×10^{-3} mol·L^{-1} 的铁标准溶液，及 0.5mL 100g·L^{-1} 的盐酸羟胺溶液，摇匀。再加入 1.0mL 1.5g·L^{-1} 邻二氮菲溶液，摇匀。用 5mL 吸量管分别加入 0、0.2mL、0.5mL、1.0mL、1.5mL、2.0mL、2.5mL、3.0mL 0.5mol·L^{-1} 的 NaOH 溶液，以蒸馏水稀释至刻度，摇匀。放置 10 min，在选定的波长下，用 1cm 的比色皿，以蒸馏水为参比，测其吸光度，使用 pH 计测量各溶液 pH 值。在坐标纸上以 pH 值为横坐标，相应的吸光度为纵坐标，绘制 $A -$ pH 值曲线，找出测定铁的适宜 pH 值范围。

4. 显色时间的影响

取一个 25mL 比色管，加入 1.0mL 1.00×10^{-3} mol·L^{-1} 的铁标准溶液、0.5mL 100g·L^{-1} 的盐酸羟胺溶液，摇匀。加入 1.0mL 1.5g·L^{-1} 邻二氮菲溶液、2.5mL 1mol·L^{-1} 的 NaAc 溶液，以蒸馏水稀释至刻度，摇匀。立即在所选定的波长下，用 1cm 的比色皿，以蒸馏水为参比，测定吸光度，然后测量放置 5 min、10 min、15 min、20 min、30 min、60 min、120 min 相应的吸光度。以时间为横坐标，吸光度为纵坐标在坐标纸上绘制 $A - t$ 曲线，从曲线上观察显色反应完全所需的时间及其稳定性，并确定合适的测量时间。

以上各实验项目测量数据分别记录到表9-1～表9-4中。

五、实验数据处理

表9-1　吸收曲线的绘制

波长 λ/nm	
吸光度 A	

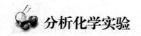

表9-2　显色剂用量的影响

显色剂用量/mL	
吸光度 A	

表9-3　溶液酸度的影响

NaOH /mL	
pH 值	
吸光度 A	

表9-4　显色时间的影响

时间/min	
吸光度 A	

六、思考题

(1) 本实验中，各种试剂溶液的量取，采用何种量器较为合适？为什么？

(2) 本实验中，盐酸羟胺的作用是什么？醋酸钠呢？如果测定混合铁中的亚铁含量，需要加入盐酸羟胺吗？

(3) 根据条件试验，邻二氮菲分光光度法测定铁时，需控制哪些反应条件？

(4) 为什么本实验可以采用蒸馏水作参比溶液？

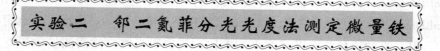

一、实验目的

(1) 掌握分光光度计的使用方法；

(2) 掌握用邻二氮菲吸光光度法测定铁的原理及方法。

二、实验原理

用分光光度法测定铁，显色剂种类比较多，有邻二氮菲及其衍生物、磺基水杨酸、硫氰酸盐和 5 - Br - PADAP 等。邻二氮菲光度法测定铁，由于灵敏度较高，稳定性好，干扰容易消除，因而是目前普遍采用的一种测定方法。

三、试剂和仪器

1. 试剂

(1)铁标准溶液($100mg \cdot L^{-1}$)：准确称取 0.8634g $NH_4Fe(SO_4)_2 \cdot 12H_2O$，置于烧杯中，用20mL $6mol \cdot L^{-1}$ HCl 溶液和适量蒸馏水溶解后，定量转移至 1L 容量瓶中，用蒸馏水稀释至刻度，摇匀。

(2)邻二氮菲溶液($1.5g \cdot L^{-1}$)。

(3)盐酸羟胺($NH_2OH \cdot HCl$)水溶液($100g \cdot L^{-1}$)。

(4)NaAc 溶液($1mol \cdot L^{-1}$)。

(5)HCl 溶液($6mol \cdot L^{-1}$)。

2. 仪器

可见分光光度计，25mL 比色管 7 支(或容量瓶 7 个)。

四、实验步骤

1. 标准曲线的绘制

1)$10mg \cdot L^{-1}$铁标准溶液的配制

用移液管吸取 10mL $100mg \cdot L^{-1}$铁标准溶液于 100mL 容量瓶中，加入 2mL $6mol \cdot L^{-1}$ HCl 溶液，以蒸馏水稀释至刻度，摇匀，此溶液铁的质量浓度为$10mg \cdot L^{-1}$。

2)标准曲线的测定

在 6 个 25mL 的比色管中，用 5mL 吸量管分别加 0、1.0mL、2.0mL、3.0mL、4.0mL、5.0mL $10mg \cdot L^{-1}$铁标准溶液，各加入 0.5mL 盐酸羟胺，摇匀(原则上每加入一种试剂都要摇匀)。再加入 1mL 邻二氮菲溶液和 2.5mL 醋酸钠溶液，以蒸馏水稀释至刻度后，放置 10 min，以试剂空白为参比，在 510nm 或所选波长下，用 1cm 的比色皿测定溶液的吸光度，绘制标准曲线(即 $A - C$ 曲线)。测量数据用表9-5记录处理。

2. 试液含铁量的测定(可与测定标准曲线同时进行)

准确吸取 2.50mL 试液(如水样或工业盐酸、石灰石及蜂蜜试样制备液等)3 份，分别置于 25mL 比色管中，以下步骤与 1 相同，测定各溶液的吸光度。根据吸光度计算试液中铁的质量浓度(以 $mg \cdot L^{-1}$表示)。测量数据用表9-6记录并处理。

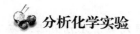

五、实验数据处理

表9-5 标准曲线的绘制

铁质量浓度/mg·L^{-1}	
吸光度 A	

表9-6 试液含铁量的测定

编 号	1	2	3
吸光度 A			
铁质量浓度/mg·L^{-1}			
铁质量平均浓度/mg·L^{-1}			

六、思考题

(1)邻二氮菲测定微量铁的反应条件是什么?

(2)本实验用试剂空白作参比溶液,是不是所有吸光光度分析中都以试剂空白作参比溶液?

(3)根据实验结果,计算 Fe^{2+} – 邻二氮菲络合物的摩尔吸收系数。

(4)怎样用吸光光度法测定水样中的全铁(总铁)和亚铁的含量?

(5)吸光光度法实验的定量依据和容量分析法,以及重量分析法有何异同点?

实验三 邻二氮菲分光光度法测定铁配合物组成

一、实验目的

(1)进一步学习分光光度计的结构和使用方法。

(2)学习使用摩尔比法和连续变化法测定配合物组成的实验方法。

二、实验原理

采用紫外可见吸收光谱法测定配合物组成比通常有两种方法。

摩尔比法是测定配合物组成比的一种方法。用紫外可见吸收光谱法测定时,对于络合反应 $m\text{M} + n\text{R} = \text{M}_m\text{R}_n$,固定一个组分(如 M)的浓度不变,改变另一组分(如 R)的浓度,求得一系列[R] / [M]比,在配合物 M_mR_n 的最大吸收波长处测定吸光度的变化。曲线转折点对应的摩尔浓度比[R] / [M] = $n:m$,即为该配合物的组成比。

等摩尔连续变化法是另一种方法。配制一系列溶液,保持溶液中度、离子强度、温度和金属离子与配体的总物质的量不变,改变金属离子和配体的摩尔分数使之连续变化,在最大吸收波长处测定各溶液的吸光度,以吸光度(A)对配体的摩尔分数(X_R)作图,根据两边线性部分的延线相交之点所对应的配体摩尔分数值,即可求出配合物的组成比($n:m$)。

三、试剂和仪器

1. 试剂

(1)铁标准溶液(1.00×10^{-3} mol·L^{-1},0.5mol·L^{-1} HCl 溶液):准确称取 0.4822g $NH_4Fe(SO_4)_2 \cdot 12H_2O$,置于烧杯中,加入 80mL 6mol·$L^{-1}$ HCl 溶液和适量蒸馏水,溶解后转移至 1L 容量瓶中,用蒸馏水稀释至刻度,摇匀。

(2)铁标准溶液(5.00×10^{-4} mol·L^{-1},0.5mol·L^{-1} HCl 溶液)。

(3)邻二氮菲溶液:0.4g·L^{-1}(2.0×10^{-3} mol·L^{-1}),0.1g·L^{-1}(5.0×10^{-4} mol·L^{-1})。

(4)盐酸羟胺($NH_2OH \cdot HCl$)水溶液(100g·L^{-1})。

(5)NaAc 溶液(1mol·L^{-1})。

2. 仪器

分光光度计,25mL 比色管 10 支(或容量瓶 10 个)。

四、实验步骤

1. 邻二氮菲与铁的配位比测定(摩尔比法)

取 8 个 25mL 比色管,各加入 1.0mL 1.00×10^{-3} mol·L^{-1} 的铁标准溶液、0.5mL 100g·L^{-1} 盐酸羟胺溶液,摇匀。依次加入 0.4g·L^{-1} 的邻二氮菲溶液(2.0×10^{-3} mol·L^{-1})0.25mL、0.5mL、1.0mL、1.5mL、2.0mL、2.5mL、3.0mL、4.0mL,然后各加入 2.5mL 1mol·L^{-1} NaAc 溶液,用蒸馏水稀释至刻度,摇匀。放置 10 min,在所选用的波长下,用 1mL 的比色皿,以蒸馏水为参比,测定吸光度。以邻二氮菲与铁的浓度比(c_R/c_{Fe})为横坐标,吸光度(A)为纵坐标作图,根据曲线上前后两部分延长线的交点位置,确定 Fe^{2+} 与邻二氮菲的配位比($n\!:\!m$)。

实验数据用表9-8记录并处理。

2. 邻二氮菲与铁的配位比测定(等摩尔连续变化法)

取 10 个 25mL 比色管,按表9-7分别加入不同体积的 5.0×10^{-4} mol·L^{-1} 铁标准溶液和 0.1g·L^{-1} 邻二氮菲溶液(5.0×10^{-4} mol·L^{-1}),然后各加入 2.5mL 1mol·L^{-1} NaAc 溶液,用蒸馏水稀释至刻度,摇匀(所配制的每个显色溶液中亚铁浓度与邻二氮菲浓度之和是固定的,即 $c_{Fe} + c_R = c$)。放置 10 min,在所选用的波长下,用 1mL 的比色皿,以蒸馏水为参比,测定吸光度。以邻二氮菲配体的摩尔分数($x_R = c_R/c$)为横坐标,吸光度(A)为纵坐标作图,根据曲线上前后两部分延长线的交点位置,确定 Fe^{2+} 与邻二氮菲的配位比($n\!:\!m$)。

实验数据用表9-9记录并处理。

五、实验数据处理

表9-7 加入铁标准溶液和邻二氮菲溶液的体积

实验序号	5.0×10^{-4} mol·L^{-1} Fe^{3+}/mL	5.0×10^{-4} mol·L^{-1} 邻二氮菲/mL
1	0.5	9.5
2	1.0	9.0
3	1.5	8.5
4	2.0	8.0
5	2.5	7.5
6	3.0	7.0
7	3.5	6.5
8	4.0	6.0
9	4.5	5.5
10	5.0	5.0

表9-8 邻二氮菲与铁的配位比测定(摩尔比法)

编号	1	2	3	4	5	6	7	8
c_R/mol·L^{-1}								
c_{Fe}/mol·L^{-1}								
c_R/c_{Fe}								
吸光度 A								

表9-9　邻二氮菲与铁的配位比测定(等摩尔连续变化法)

编号	1	2	3	4	5	6	7	8	9	10
V_R/mL										
V_{Fe}/mL										
$X_R(R/c)$										
吸光度 A										

六、思考题

(1)等摩尔连续变化法如何计算配位比？

(2)在本实验中，盐酸羟胺的作用是什么？醋酸钠的呢？如果测定混合铁中的亚铁含量，需要加入盐酸羟胺吗？

(3)根据条件试验，邻二氮菲分光光度法测定铁时，需控制哪些反应条件？

(4)为什么本实验可以采用蒸馏水作参比溶液？

实验四　双硫腙萃取分光光度法测定水样中微量铅

一、实验目的

(1)掌握萃取分离的基本操作方法；

(2)了解双硫腙(又称二苯硫腙)萃取分光光度法测定环境水样中铅的原理和方法。

二、实验原理

铅是一种积累性毒物，易被肠胃吸收，通过血液影响酶和细胞的新陈代谢。过量铅的摄入将严重影响人体健康，其主要毒害效应为引起贫血、神经机能失调和肾损伤。我国《生活饮用水卫生标准》(GB 5749—2006)规定，生活饮用水中含铅量不能超过 $0.01 mg \cdot L^{-1}$。因此，铅在环境中的含量，特别是环境水样中的含量，是环境篮测控制的一个重要指标。

现行国家环境标准监测方法中规定水质铅的测定有原子吸收光谱分析法和双硫腙萃取分光光度法。双硫腙萃取分光光度法经萃取分离富集，选择性和灵敏度较高。该分析方法的主要原理为：在 pH 值为 8.5～9.5 的氨性柠檬酸盐－氰化物－盐酸羟胺的还原性介质中，铅与双硫腙形成淡红色双硫腙螯合物：

该螯合物可被三氯甲烷（或四氯化碳）等有机相萃取，最大吸收波长为 510nm，摩尔吸收系数为 $6.7 \times 10^4 \text{ L} \cdot \text{mol}^{-1} \cdot \text{cm}^{-1}$。试样溶液中加入盐酸羟胺，原 Fe^{3+} 及可能存在的其他氧化性物质，防止双硫腙被氧化；加入氰化物掩蔽 Ag^+、Hg^{2+}、Cu^{2+}、Zn^{2+}、Cd^{2+}、Ni^{2+}、Co^{2+} 等；加入柠檬酸盐络合 Al^{3+}、Cr^{3+}、Fe^{3+}、Ca^{2+}、Mg^{2+} 等，防止它们在碱性溶液中水解沉淀。本法适用于测定地表水和废水中微量铅。

三、试剂和仪器

1. 试剂

（1）铅标准溶液（$2.0 \text{mg} \cdot \text{L}^{-1}$）：准确称取 0.1599g $Pb(NO_3)_2$（纯度 ≥ 99.5%）溶于约 200mL 去离子水中，加入 10mL 浓 HNO_3，移入 1000mL 容量瓶，以蒸馏水稀释至刻度，此溶液含铅 $100.0 \text{mg} \cdot \text{L}^{-1}$。移取此溶液 10.00mL 置于 500mL 容量瓶中，用蒸馏水稀释至刻度，摇匀，即得 $2.0 \text{mg} \cdot \text{L}^{-1} Pb^{2+}$ 标准溶液。

（2）双硫腙储备液（$0.1 \text{g} \cdot \text{L}^{-1}$）：称取 0.1000g 双硫腙溶于 1000mL 三氯甲烷中，储于棕色瓶，放置于冰箱内备用。

（3）双硫腙工作液（$0.04 \text{g} \cdot \text{L}^{-1}$）：移取 100mL 双硫腙储备液置于 250mL 容量瓶中，用三氯甲烷稀释至刻度。

（4）双硫腙专用液：将 250mg 双硫腙溶于 250mL 三氯甲烷中，此溶液不必纯化，专用于萃取提纯试剂。

（5）柠檬酸－氰化钾还原性氨性溶液：将 100g 柠檬酸氢二铵，5g 无水 Na_2SO_3，2.5g 盐酸羟胺，10g KCN（注意剧毒！）溶于蒸馏水，用蒸馏水稀释至 250mL，加入 500mL 氨水混合。

2. 仪器

分光光度计，50mL 分液漏斗，容量瓶等。

四、实验步骤

1. 水样预处理

洁净程度高的水(如不含悬浮物的地下水、清洁地面水)可直接测定,其他情况预处理过程如下:

(1)混浊的地面水:取 250mL 水样加入 2.5mL 浓 HNO_3,于电热板上微沸消解 10 min,冷却后用快速滤纸滤入 250mL 容量瓶,滤纸用 $0.03mol \cdot L^{-1} HNO_3$ 洗涤数次,并稀释至容量瓶刻度。

(2)含悬浮物和有机物较多的水样:取 200mL 水样加入 10mL 浓 HNO_3,煮沸消解至 10mL 左右,稍冷却,补加 10mL 浓 HNO_3 和 4mL 浓 $HClO_4$,继续消解蒸至近干。冷却后用 $0.03mol \cdot L^{-1} HNO_3$ 温热溶解残渣,冷却后用快速滤纸滤入 200mL 容量瓶,用 $0.03mol \cdot L^{-1} HNO_3$ 洗涤滤纸并定容至 200mL。

2. 标准曲线的绘制

在 8 只 50mL 分液漏斗中分别加入 0mL、0.10mL、0.20mL、1.00mL、1.50mL、2.00mL、2.50mL、3.00mL 铅标准溶液,补加去离子水至 20.00mL,加入 2.00mL 3mol·L^{-1} HNO_3 和 10.00mL 柠檬酸盐 - 氰化钾还原性氨性溶液,混匀。再加入 2.00mL 双硫腙工作液,塞紧后剧烈振荡 30s,静置分层,在分液漏斗的颈管内塞入一团无铅脱脂棉,放出下层有机相,弃去前面 1 ~ 2mL 流出液后,将有机相注入 1cm 比色皿,以三氯甲烷为参比,在 510nm 处测量吸光度,以铅含量为横坐标,吸光度为纵坐标绘制工作曲线。

3. 试样测定

准确量取适量按步骤 1 预处理后的环境水样于 50mL 分液漏斗中,用去离子水补充至 20mL 后,按标准曲线测定步骤进行测定。试样测定数据和标准曲线测定数据可用表 9 - 10 记录并处理。

由标准曲线线性方程计算得到铅含量,根据水样的体积计算出环境水样中铅的质量浓度($\mu g \cdot L^{-1}$)。

五、实验数据处理

表 9- 10   标准曲线的绘制及水样中铅含量的测定

编号	1	2	3	4	5	6	7	8	水样
铅含量/mg·L^{-1}									
吸光度 A									
试样中铅质量浓度/$\mu g \cdot L^{-1}$									

六、思考题

（1）为什么用分光光度法测定环境水样中的铅要采用萃取分离，而测定矿中的铅可以不用？

（2）双硫腙工作液是否需要准确加入？为什么？

（3）水样预处理的目的是什么？

实验五　偶氮胂Ⅲ分光光度法测定稀土含量

一、实验目的

（1）掌握偶氮胂Ⅲ分光光度法测定稀土的原理；

（2）掌握分光光度计的正确使用。

二、实验原理

分光光度法测定微量稀土含量的方法是常用的分析方法，测定稀土元素的显色剂主要有偶氮胂、三溴偶氮胂、偶氮氯磷等，其中偶氮胂Ⅲ是最经典的稀土元素的显色剂。

在 pH 值为 2.82 的缓冲溶液中，偶氮胂Ⅲ与稀土离子如钆离子生成有色络合物，其摩尔吸收系数为 $7.16 \times 10^4 L \cdot mol^{-1} \cdot cm^{-1}$。铁、钨、钼、铜、钙等元素干扰测定，因此当这些离子共存时，应采取适当措施消除其干扰。

三、试剂和仪器

1. 试剂

（1）Gd 标准储备液（$100\mu g \cdot mL^{-1}$）；

（2）一氯乙酸 – 氢氧化钠缓冲溶液（$0.2mol \cdot L^{-1}$，pH = 2.82）；

（3）偶氮胂Ⅲ溶液，$0.6g \cdot L^{-1}$ 水溶液；钆试液（约 $10\mu g \cdot mL^{-1}$）。

2. 仪器

分光光度计，100mL 容量瓶，25mL 比色管等。

四、实验步骤

1. 稀土标准溶液的配制

准确移取 10.00mL Gd 标准储备液（100 μg·mL^{-1}）至 100mL 容量瓶中，用蒸馏水稀释至刻度，摇匀，配成 10μg·mL^{-1} Gd 标准溶液。

2. 最大吸收波长选择及标准曲线绘制

准确移取 0.0mL、0.5mL、1.0mL、1.5mL、2.0mL、2.5mL 10μg·mL^{-1} Gd 标准溶液于 6 只 25mL 比色管中，分别加入 2.5mL 一氯乙酸缓冲溶液，摇匀，再各加入 1.0mL 0.6g·L^{-1} 偶氮胂Ⅲ，稀释至刻度，摇匀。显色 10min，取 0.6μg·mL^{-1} 标准溶液，在 600～700nm 波长范围内每隔 10nm 测定一次吸光度，在最大吸收峰附近每隔 5nm 测量一次吸光度。然后以波长为横坐标，吸光度为纵坐标绘制出吸收曲线，从吸收曲线上确定测定钆的适宜波长（即最大吸收波长）。以试剂空白为参比，用 1cm 吸收池，测定各标准溶液的吸光度。以含钆量为横坐标，吸光度为纵坐标，绘制标准曲线。

吸收曲线测量数据和标准曲线测量数据分别用表 9-11 和表 9-12 记录并处理。

3. 试样中稀土含量的测定

准确移取 2mL 钆试液于 25mL 比色管中，加 2.5mL 一氯乙酸缓冲溶液，再加 1mL 0.6g·L^{-1} 偶氮胂Ⅲ，用蒸馏水稀释至刻度，摇匀。用 1cm 吸收池，在所选最大吸收波长处，测其吸光度，在标准曲线上查出并计算试液中钆的含量。实验数据用表 9-13 记录并处理。

五、实验数据处理

表 9-11　吸收曲线的绘制

波长 λ/nm	
吸光度 A	

表 9-12　标准曲线的绘制

稀土质量浓度/μg·mL^{-1}	
吸光度 A	

表 9-13　试液中稀土含量的测定

编　号	1	2	3
吸光度 A			
稀土质量浓度/μg·mL^{-1}			
稀土平均质量浓度/μg·mL^{-1}			

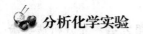

六、思考题

根据实验结果，计算 Gd^{3+} – 偶氮胂Ⅲ络合物的摩尔吸收系数。

实验六　三溴偶氮胂分光光度法测定稀土含量

一、实验目的

(1)掌握三溴偶氮胂(TBA)分光光度法测定稀土的方法原理；

(2)掌握分光光度计的正确使用。

二、实验原理

以分光光度法测定稀土元素的显色剂中，应用较多的有偶氮胂Ⅲ和三溴偶氮胂，偶氮胂Ⅲ对稀土各元素显色一致，适用于含混合稀土的样品中稀土总量的测定，但因显色条件如酸度等控制要求较严苛，常常影响分析结果准确性；三溴偶氮胂(TBA)通常用于测定轻稀土元素，由于灵敏度高、显色酸度范围宽、线性相关性好，因而适合于添加轻稀土的合金类产品测定，如国家标准 GB/T 20975.24—2008《铝及铝合金化学分析方法中稀土总含量的测定》中采用三溴偶氮胂分光光度法。

在 $0.5 \sim 1.0 \, mol \cdot L^{-1} \, HCl$ 溶液中，TBA 与稀土离子生成有色络合物，其表观摩尔吸收系数为 $(1.1 \sim 1.2) \times 10^5 \, L \cdot mol^{-1} \cdot cm^{-1}$。

三、试剂和仪器

1. 试剂

(1)TBA 溶液 $(0.6 \, g \cdot L^{-1})$：称取 $0.60g$ 三溴偶氮胂于 100mL 烧杯中，加水约 30mL 溶解后，移至 1000mL 容量瓶中，定容。

(2)La、Ce、Pr、Nd、Sm、Gd 等单一轻中稀土单一元素标准储备溶液(100 $\mu g \cdot mL^{-1}$)：分别将除 Ce 以外的 La、Pr、Nd、Sm、Gd 等稀土元素的氧化物于 950℃灼烧 1h 后，置于干燥器中冷却至室温，分别称取上述各氧化物(金属量相当于 0.1000g)于 100mL 烧杯中，用水湿润，加入 10mL 盐酸(1:1)，低温加热溶解清亮；而称取 Ce 的氧化物(金属量相当于 0.1000g)置于 200mL 烧杯中，加

10mL 硝酸(1:1)，0.5mL 过氧化氢，低温加热至溶解完全(溶解不完全时可重复操作)，继续加热至近干后，加 10mL 盐酸(1:1)。各稀土溶液冷却后分别移入 1000mL 容量瓶中，补加 10mL 盐酸(1:1)，定容，摇匀。

（3）La、Ce、Pr、Nd、Sm、Gd 等单一元素标准工作溶液：$10\mu g \cdot mL^{-1}$，分别移取 10.00mL 上述各标准储备溶液于 100mL 容量瓶中，各补加 2mL 盐酸(1:1)，定容，摇匀。

（4）其他试剂：盐酸(1:1)；硝酸(1:1)；过氧化氢(30%)。

2．仪器

分光光度计，分析天平，容量瓶等。

四、实验步骤

1．稀土标准溶液的配制

准确移取 10.00mL 稀土标准储备液($100\mu g \cdot mL^{-1}$)至 100mL 容量瓶中，补加 2mL 盐酸(1:1)，用蒸馏水稀释至刻度，摇匀，配成 $10\mu g \cdot mL^{-1}$ 稀土标准溶液。

2．最大吸收波长选择及标准曲线绘制

准确移取 0，0.5mL，1.0mL，1.5mL，2.0mL，2.5mL $10\mu g \cdot mL^{-1}$ 稀土标准溶液于 6 只 25mL 比色管中，分别加入 2mL HCl(1:1) 溶液，摇匀，再各加入 4.0mL TBA，稀释至刻度，摇匀。显色 10min，取 $0.6\mu g \cdot mL^{-1}$ 标准溶液，在 600～700nm 波长范围内每隔 10nm 测定一次吸光度，在最大吸收峰附近每隔 5nm 测量一次吸光度。然后以波长为横坐标，吸光度为纵坐标绘制出吸收曲线，从吸收曲线上确定测定稀土的适宜波长(即最大吸收波长)。以试剂空白为参比，用 1cm 吸收池，测定各标准溶液的吸光度。以稀土浓度为横坐标，吸光度为纵坐标，绘制标准曲线。吸收曲线和标准曲线的测量数据分别用表 9-14 和表 9-15 记录并处理。

3．试样中稀土含量的测定

准确移取一定体积稀土试液(控制试液中稀土总量为 5～20 μg)于 25mL 比色管中，加 2mL HCl(1:1)，再加 4.0mL TBA，用蒸馏水稀释至刻度，摇匀。显色 10 min 后以试剂空白为参比，用 1cm 吸收池，在所选最大吸收波长处，测其吸光度，在标准曲线上查出并计算试液中稀土的含量。测量数据用表 9-16 记录并处理。

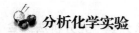

五、实验数据处理

表 9-14　吸收曲线的绘制

波长 λ / nm	
吸光度 A	

表 9-15　标准曲线的绘制

稀土质量浓度 $/\mu g \cdot mL^{-1}$	
吸光度 A	

表 9-16　试液中稀土含量的测定

编号	1	2	3
吸光度 A			
稀土质量浓度 $/\mu g \cdot mL^{-1}$			
稀土质量浓度平均值 $/\mu g \cdot mL^{-1}$			

六、思考题

（1）与偶氮胂Ⅲ分光光度法测定稀土的方法相比较，三溴偶氮胂分光光度法具有哪些优点？

（2）根据实验结果，计算 RE^{3+} – 三溴偶氮胂络合物的摩尔吸收系数。

实验七　取代基及溶剂对苯的紫外吸收光谱的影响

一、实验目的

（1）通过对苯以及苯的取代物的紫外吸收光谱的测绘，了解不同助色团对苯的吸收光谱的影响；

（2）观察溶剂极性对苯酚的吸收光谱以及 pH 值对苯酚吸收光谱的影响；

（3）学习并掌握紫外可见分光分光计的使用方法。

二、实验原理

具有不饱和结构的有机化合物，特别是芳香族化合物，在近紫外区（200 ~

400nm)有特征的吸收，给鉴定有机化合物提供了有用的信息。方法是比较未知物与纯的已知化合物在相同条件(溶剂、浓度、pH 值、温度等)下绘制的吸收光谱，或将绘制的未知物吸收光谱与标准谱图(如 Sadtler 紫外光谱图)相比较，如果两者一致，说明至少它们的生色团和分子母核是相同的。苯在 230～270nm 出现的精细结构是其特征吸收峰(B 带)，中心在 254nm 附近，其最大吸收峰常随苯环上不同的取代基而发生位移。溶剂的极性对有机物的紫外吸收光谱有一定的影响。溶剂极性增大，$\pi \rightarrow \pi^*$ 跃迁产生的吸收带发生红移，而 $n \rightarrow \pi^*$ 跃迁产生的吸收带则发生紫移。

三、试剂和仪器

1. 试剂

苯；环己烷；$0.1mol \cdot L^{-1}$ HCl；$0.1mol \cdot L^{-1}$ NaOH；苯的环己烷溶液(0.4:100)；甲苯的环己烷溶液(1:100)；苯酚的环己烷溶液(0.3g /100mL)；苯甲酸的环己烷溶液(1g /100mL)；苯胺的环己烷溶液(0.033:100)；苯酚的水溶液(0.04g /100mL)。

2. 仪器

UV3300PC 紫外可见光度计(上海美谱达仪器有限公司)，或 UV2550 紫外可见光度计(日本岛津)，带盖石英吸收池(1cm)，1mL 吸量管：7 支，25mL 容量瓶：10 个。

四、实验步骤

1. 仪器操作方法

UV3300PC 型紫外可见分光光度计是一种单光束全自动扫描型的光度计，其波长测量范围为 190～1100nm，波长重复性为 0.1nm。光谱测定的操作方法为：

1)开机

打开电源开关，同时开启计算机。预热 15min 后仪器主机显示屏上出现"重复校刻系统("否"或"是")"，一般可选择"否"，按"Enter"键确定后，仪器主机显示屏上出现"光度计模式"。

2)系统基线校正

在计算机上点击工作站"UV－Vis Analyst"进入光谱测量界面，点击快捷键"B"键进行"系统基线校正"。

3）光谱测量参数设定

先点击"#"字键（"显示范围"键）设置波长测量范围和吸光度测量范围；然后点击"设置 UV 主机"（"B"键左边的扳手形状键），设置"波长扫描范围"和"波长扫描间隔（根据实验要求选择，一般选择 0.1nm)"。

4）空白校正

在比色皿架上放入"参比试样"，点击"Z"键（"满刻度校正"）进行空白校正。

5）试样测定

在比色皿架上放入"待测试样"，点击"启动"键，进行光谱扫描。

6）导出并保存测量数据

点击"文件"菜单中的"导出数据表格.txt"，将测量数据命名并保存在所建文件夹中。

2. 实验内容

1）苯蒸气的吸收光谱测定

在石英吸收池中，加入一滴苯，加盖，用手心温热吸收池下方片刻，在紫外分光光度计上，相对石英吸收池，从 220～300nm 进行波长扫描，得到吸收光谱。

2）取代基对苯的吸收光谱的影响

在 5 个 25mL 容量瓶中，分别加入苯、甲苯、苯酚、苯甲酸、苯胺的环己烷溶液 0.50mL，用环己烷稀释至刻度，摇匀。在带盖的石英吸收池中，相对环己烷，从 220～320nm 进行波长扫描，得到吸收光谱。

观察各吸收光谱的图形，找出其 λ_{max} 红移了多少 nm。

3）溶液的酸碱性对苯酚吸收光谱的影响

在两个 25mL 容量瓶中，各加入苯酚的水溶液 0.50mL，分别用 0.1mol·L^{-1} HCl、0.1mol·L^{-1} NaOH 溶液稀释至刻度，摇匀。用石英吸收池，相对水，从 220～350nm 进行波长扫描，得到吸收光谱。比较吸收光谱的 λ_{max} 的变化。

五、实验数据处理

（1）列表记录实验数据。

（2）比较苯的取代物吸收光谱的精细结构和 λ_{max} 的变化，通过测量吸收光谱的红移（$\Delta\lambda$）考察取代基对苯的吸收光谱的影响。

（3）将实验所得紫外吸收光谱以数据表格（.txt）方式导出并保存，最后采用等 Origin 专业作图软件作图，并复制到 word 文件上进行编辑处理。

六、思考题

(1)有机分子中哪类电子的跃迁会产生紫外吸收光谱?

(2)为什么溶剂极性增大,$n \to \pi^*$ 跃迁产生的吸收带发生紫移,而 $\pi \to \pi^*$ 跃迁产生的吸收带发生红移?

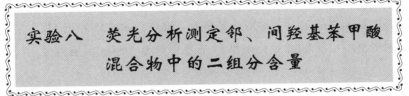

实验八　荧光分析测定邻、间羟基苯甲酸混合物中的二组分含量

一、实验目的

(1)学习荧光分析法的基本理论和操作方法;

(2)学习用荧光分析法进行多组分含量的测定。

二、实验原理

某些具有 $\pi - \pi$ 电子共轭体系的分子易吸收某一波段的紫外光而被激发,如该物质具有较高的荧光效率,则会以荧光的形式释放出吸收的一部分能量而回到基态。建立在发生荧光现象基础上的分析方法,称为荧光分析法,而常把被测物称为荧光物质。在稀溶液中,荧光强度 I_f 与入射光的强度 I_o、荧光量子效率 ψ_f 以及荧光物质的浓度 c 等有关,可表示为

$$I_f = K\psi_{fl_o}\varepsilon bc$$

式中　K——比例常数,与仪器性能有关;

　　　ε——摩尔吸光系数;

　　　b——液层厚度。

由此可见,当仪器的参数固定后,以最大激发波长的光为入射光,测定最大发射波长光的强度时,荧光强度 I_f 与荧光物质的浓度 c 成正比。

在中性水溶液中,邻羟基苯甲酸(水杨酸)生成分子内氢键,从而增加分子的刚性而有较强荧光,而间羟基苯甲酸则无荧光。在 pH 值的碱性溶液中,二者在 310nm 附近的紫外光照射下则均会发生荧光,且邻羟基苯甲酸的荧光强度与其在 pH = 5.5 时相同。因此,在 pH = 5.5 时可测定水杨酸的含量,间羟基苯甲酸

不干扰。另取同量试样溶液调节 pH 值到 12，从测得的荧光强度中扣除水杨酸产生的荧光即可求出间羟基苯甲酸的含量。在 $0 \sim 12\mu g \cdot mL^{-1}$ 范围内荧光强度与二组分浓度均呈线性关系。对羟基苯甲酸在此条件下无荧光，因而不干扰测定。

三、试剂和仪器

1. 试剂

（1）邻羟基苯甲酸溶液：称取水杨酸 0.1500g 溶解并定容于 1L 容量瓶中。

（2）间羟基苯甲酸标准：称取间羟基苯甲酸 0.1500g 溶解并定容于 1L 容量瓶中。

（3）醋酸－醋酸钠缓冲溶液：称取 47g NaAc 和 6g 醋酸配成 1L pH = 5.5 的缓冲溶液。

2. 仪器

RF－5301PC 型荧光分光光度计（日本岛津）或 WGY－10 型荧光分光光度计（天津）；容量瓶（25mL）；分度吸量管 5mL、2mL。

四、实验步骤

1. 标准系列和未知溶液的配制

（1）分别移取水杨酸标准溶液 0、0.2mL、0.4mL、0.6mL、0.8mL、1.0mL 于 25mL 容量瓶中，各加入 2.5mL pH = 5.5 的醋酸盐缓冲溶液，用去离子水稀释至刻度，摇匀。

（2）分别移取间羟基苯甲酸标准溶液 0mL、0.2mL、0.4mL、0.6mL、0.8mL、1.0mL 于 25mL 容量瓶中，各加入 3mL 0.1mol·L⁻¹NaOH 溶液，用去离子水稀释至刻度，摇匀。

（3）取 0.6mL 未知液两份于 25mL 容量瓶中，其一加入 2.5mL pH = 5.5 的乙酸缓冲溶液，其二加入 3mL 0.1mol·L⁻¹NaOH 溶液，分别用去离子水稀释至刻度，摇匀。

2. 激发光谱和发射光谱的测绘

用 1(1)中的第 4 份溶液和 1(2)中的第 3 份溶液测绘各自的激发光谱和发射光谱。先固定发射波长为 400nm，在 250～350nm 进行激发波长扫描，获得溶液的激发光谱测得最大激发波长（λ_{ex}）。再固定激发波长最大激发波长（λ_{ex}），在 350～500nm 进行发射波长扫描，获得溶液的发射光谱，测得最大发射波长（λ_{em}）。

3. 荧光强度的测定

固定激发波长（λ_{ex}）和发射波长（λ_{em}），在该组波长下测定标准系列和未知溶液的荧光强度。

五、实验数据处理

以荧光强度为纵坐标，分别以水杨酸的浓度和间羟基苯甲酸的浓度为横坐标制作工作曲线。根据 pH = 5.5 的未知溶液的荧光强度可在水杨酸的工作曲线上确定未知液中水杨酸的浓度；根据 pH = 12 的未知液的荧光强度与 pH 值为 5.5 的未知液的荧光强度之差值可在间羟基苯甲酸的工作曲线上确定未知液中间羟基苯甲酸的浓度。

六、思考题

1. 在 pH 值为 5.5 的水溶液中，邻羟基苯甲酸（$pK_{a1} = 3.00$，$pK_{a2} = 12.38$）和间羟基苯甲酸（$pK_{a1} = 4.05$，$pK_{a2} = 9.85$）的存在形式如何？
2. 物质的荧光强度与哪些因素有关？

实验九　苯甲酸和聚苯乙烯红外吸收光谱的测绘

一、实验目的

（1）学习和掌握制备红外光谱样品的操作方法——溴化钾压片法；
（2）学习和掌握 AVATAR 360 FTIR 红外光谱仪或 IS50 FTIR 红外光谱仪的使用方法；
（3）初步学习红外光谱图的解析。

二、实验原理

以一定波长的红外光照射物质时，若该红外光的频率能满足物质分子中某些基团振动能级的跃迁频率要求，则该分子就吸收这一波长红外光的辐射能量，引起偶极矩的变化，而由基态振动能级跃迁至能量较高的激发态振动能级。检测物质分子对不同波长红外光的吸收强度，就可以得到该物质的红外吸收光谱。

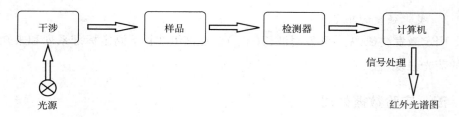

图9-1 红外分光光度计的结构示意图

红外吸收光谱法(Infrared Absorption Spectrometry, IR),又称红外分光光度法,即是利用物质对红外光电磁辐射的选择性吸收特性来进行结构分析、定性和定量分析的一种方法。各种基团的振动频率和吸收强度与组成基团的原子质量、化学键的类型及分子的几何构型等因素有关,因此,根据吸收光谱的峰位、峰形和峰的数目,可以判断物质中可能存在的官能团,从而推断物质化合的结构。红外分光光度计的结构示意图如图9-1所示。

三、试剂和仪器

1. 试剂

无水乙醇(AR),溴化钾(AR),苯甲酸,聚苯乙烯薄膜。

2. 仪器

AVATAR 360 FTIR 红外光谱仪(Nicolet)或 IS50 FTIR 红外光谱仪(Nicolet),压片机(Japan),玛瑙研钵,红外干燥箱。

四、实验步骤

1. 红外光谱样品的制备——溴化钾压片法

在玛瑙研钵中加入 50mg 预先干燥好的溴化钾粉末和少量苯甲酸样品(约2mg),于红外灯下充分研磨,直至样品在红外灯下不反光为止(约10min),使样品与溴化钾混合均匀,用不锈钢药勺取少量样品至压片模具中,放入压片机加压成透明薄片,备用。同时按上述操作制备溴化钾背景薄片备用。

2. 红外吸收光谱的测定

(1)打开稳压电源、UPS 及光谱仪主机电源。

(2)开启计算机,双击"EZ OMINIC E. S. P"图标,进入"EZ OMINIC"操作界面,单击"Collect"选项,选择"Experiment Setup",设定扫描次数为32,分辨率为4cm^{-1},扫描方式为"Collect background after every sample"。

（3）将上述制备的样品薄片放置在 AVATAR 360 FTIR 红外光谱仪的样品仓中，单击"Col Sam"图标，进行样品扫描，当出现"Background"对话框时，将溴化钾背景薄片插入样品仓，单击"OK"，搜集背景光谱并自动扣除，得到苯甲酸样品光谱。

（4）单击"Absorb"图标，将光谱纵坐标转换为"Absorbance"，然后对光谱图进行基线校正、平滑等处理，并依此单击"% Trans"图标、"Find PKs"图标，自动找出各吸收峰的位置。

（5）最后，对谱图命名并保存、打印输出所测绘红外光谱图。

五、实验数据处理

通过查阅有关文献资料，对所测绘谱图的主要吸收峰进行解析和归属。

红外图谱的解析主要依靠长期的实践和经验的积累，没有一个特定的办法，一般解析时遵循的规则是先官能团区，后指纹区；先强峰，后弱峰；先粗查，后细查；先否定，后肯定。

六、注意事项

（1）样品应适当干燥，研磨时应在干燥灯下进行；
（2）试样的浓度和测试厚度应选择适当；
（3）在制样时应尽量避免杂质，研钵、药勺和模具等须洁净；
（4）严格按照压片机、红外光谱仪的操作规程进行。

七、思考题

（1）用压片机制样时，为什么要将固体试样研磨到颗粒粒度约为 $2\mu m$？
（2）用溴化钾压片法制样时，对试样的制片有何要求？

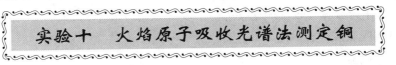

实验十　火焰原子吸收光谱法测定铜

一、实验目的

（1）学习火焰原子吸收光谱仪的构造及操作技术；
（2）掌握火焰原子吸收光谱法测定样品的方法。

二、实验原理

根据原子吸收光谱法的原理，在使用锐线光源条件下，基态原子蒸气对共振线的吸收符合朗伯－比尔定律：

$$A = \lg \frac{I_0}{I} = KLN_0$$

在试样原子化时，火焰原子温度低于 3000K 时，对大多数元素来说，原子蒸气中基态原子的数目实际上接近原子总数。在固定的实验条件下，待测元素的原子总数与该元素在试样中的浓度成正比。因此，上式可以表示为：

$$A = K'c$$

这就是原子吸收定量分析的依据。

配制一组含有不同浓度被测元素的标准溶液，在与试样测定完全相同的条件下，按浓度由低到高的顺序测定吸光度值。绘制吸光度对浓度的工作曲线。测定试样的吸光度，根据工作曲线求出被测元素的含量。

三、试剂和仪器

1. 试剂

铜标准溶液 $50\mu g \cdot mL^{-1}$ 或 $100\mu g \cdot mL^{-1}$，50mL 容量瓶 5 个，5mL 刻度吸管，铜待测溶液。

2. 仪器

WFX－130B 原子吸收分光光光度计(北京瑞利分析仪器公司)，铜空心阴极灯。

四、实验步骤

1. 按下列数据，设置测量条件。

(1)铜吸收线波长 324.7nm；

(2)灯电流 3mA；

(3)狭缝宽度 0.4nm；

(4)空气流量 $6.0L \cdot min^{-1}$；

(5)乙炔流量 $1.5L \cdot min^{-1}$；

(6)燃烧器高度 7mm。

2．测定

（1）吸取不同体积铜标准溶液于 50mL 容量瓶中，以去离子水稀释至刻度，配制成一组标准溶液，在设定的仪器条件下测定吸光度，绘制标准曲线。

（2）测定待测液中铜的吸光度，计算浓度。

3．仪器操作规程

（1）开启主机与微机，双击桌面上 WFX - 130 操作软件进入应用程序。

（2）点击操作—编辑分析方法，然后选择火焰原子吸收分析及创建新方法。

（3）在创建新方法界面中，方法编号为自动排列，无需设置。选择了分析元素后确定。

4．仪器条件选择

①仪器条件：波长 324.7nm，元素灯（HCL），狭缝 0.4nm，灯电流 3mA，背景校正器无。

②测量条件：分析信号时间平均，测量方式工作曲线法，读数延时 0s，读数时间 2s，阻尼常数 2。

③工作曲线参数：一次方程。

④火焰条件：火焰类型空气 - 乙炔，燃气流量 1.5L · min^{-1}，空气流量 6.0 L · min^{-1}，燃烧器高度 7mm。

⑤在 BRAIC 主页选择新建文件，确定方法后自动点亮空心阴极灯并定位。

⑥输入标准溶液浓度及未知样品稀释倍数等测试条件。

⑦开启空气压缩机，调节出口压力至 0.3MPa（空气流量 6.0L · min^{-1}），检查废液管，打开乙炔钢瓶及减压阀至 0.07MPa。

⑧点火，调乙炔流量至 1.5L · min^{-1}。

5．测量

依次测量标准溶液及待测溶液，测定完毕，吸喷蒸馏水 5min，清洗燃烧器。

五、实验数据处理

（1）优化实验条件，分别测定不同浓度的铜标准溶液的吸光度，制标准曲线。

（2）测定待测液中铜的吸光度，计算浓度。

六、注意事项

（1）乙炔钢瓶阀门旋开不超过 1.5 转。

(2)实验时要打开通风设备，使金属蒸气即时排出室外。

(3)点火时，先开空气，后开乙炔气。熄火时，先关乙炔气，后关空气。室内若有乙炔气味，应立即关闭气源，通风，排除问题后再进行实验。

七、思考题

(1)原子吸收分光光度计测定不同元素时，对光源有什么要求？

(2)试样原子化的方法有哪几种？

(3)如果标准样品配制不准确，对测量结果有何影响？应如何判断标准溶液配制是否准确？

实验十一　火焰原子吸收光谱法测定自来水中钙（标准加入法）

一、实验目的

(1)加强理解火焰原子吸收光谱法的原理；

(2)掌握标准加入法的测定原理及方法。

二、实验原理

原子吸收光谱法是基于气态基态原子对共振线的吸收，根据朗伯比尔定律，气态的基态原子数与物质的含量成正比，故可用于进行元素定量分析。利用火焰的热能使样品转化为气态基态原子的方法称为火焰原子吸收光谱法。

当试样组成复杂，配制的标准溶液与试样组成之间存在较大差别时，常采用标准加入法。该法是在数个容量瓶中加入等量的试样，分别加入不等量（倍增）的标准溶液，用适当溶剂稀释至一定体积后，依次测出它们的吸光度。以加入标准溶液的浓度为横坐标，相应的吸光度为纵坐标，绘出标准曲线，如图 9-2 所示。图中横坐标与标准曲线延长线的交点至原点的距离即为容量瓶中所含试样的浓度（c_x），从而求得试样的含量。

本法是一种成分分析法，可有效地消除基体干扰和某些化学干扰。

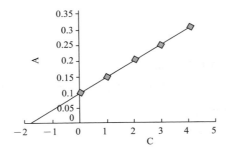

图 9-2　加标标准曲线

三、试剂和仪器

1．试剂

钙标准溶液 50.0μg·mL^{-1}。

2．仪器

WFX-130B 原子吸收分光光光度计(北京瑞利分析仪器公司)，钙空心阴极灯，空气压缩机，乙炔钢瓶。

50mL 容量瓶 5 个，10mL 吸量管，10mL 移液管。

四、实验步骤

1．测量条件

(1)钙吸收线波长 422.7nm；

(2)灯电流 4 mA；

(3)狭缝宽度 0.2nm；

(4)空气流量 6.5 L·min^{-1}；

(5)乙炔流量 1.8 L·min^{-1}；

(6)燃烧器高度 7mm。

2．测定

准确移取 5 份 10.00mL 试样溶液，分别置于 50mL 容量瓶中，各加入 50.0 μg·mL^{-1}钙标准溶液 0.00mL、2.00mL、4.00mL、6.00mL 和 8.00mL 于容量瓶中，以去离子水稀释至刻度，测定各溶液吸光度。

3．仪器操作规程

同实验 10。

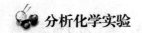

五、结果处理

（1）绘制吸光度对钙浓度的标准曲线。

（2）将标准曲线延长至横坐标轴相交处，则交点至原点间的距离对应于10.00mL试样中钙的含量。

（3）换算水样中钙的含量（$mg \cdot L^{-1}$）。

六、思考题

（1）说明标准加入法能够消除基体干扰的原因。该方法能消除背景吸收吗？

（2）比较工作曲线法与标准加入法的优缺点。

实验十二　ICP-AES同时测定矿泉水中钙和镁

一、实验目的

（1）了解电感耦合等离子体光谱仪的结构及其工作原理和使用方法；

（2）初步掌握 ICP-AES 测定矿泉水中钙、镁的方法，仪器的维护常识。

二、实验原理

ICP 光谱分析法是使用电感耦合等离子体作为激发光源的一种发射光谱分析法。等离子体是氩气通过炬管时，在高频电场的作用下电离而产生的。它具有很高的温度，样品在等离子体中的激发比较完全，且谱线自吸非常小，几乎可以忽略。样品由载气（氩）带入雾化系统进行雾化后，以气溶胶形式进入等离子体，在高温和惰性气氛中被充分蒸发、原子化、电离和激发，发射出所含元素的特征谱线。

在等离子体某一特定的观测区，及固定的观察高度，测定的谱线强度（I）直接与样品浓度（c）呈线性关系。通过绘制工作曲线，测量样品的谱线强度，即可计算出其浓度，进行定量分析。

三、试剂和仪器

1. 试剂

钙、镁标准溶液，硝酸（优级纯），盐酸（优级纯），二次蒸馏水，高纯氩气。

2. 仪器

Prodigy xp 高频电感耦合等离子体光谱仪（美国 Leeman）。

四、实验步骤

1. 配制标准溶液和样品溶液

（1）标准工作溶液：配制钙、镁标准为 $1.0mg \cdot mL^{-1}$ 的工作液。

（2）配制标准溶液：各取 3 个 100mL 的容量瓶，分别加入 0mL、0.4mL、4.0mL 的钙工作液；分别加入 0mL、0.1mL 和 1.0mL 的镁工作液。然后向各个容量瓶加入 5mL 硝酸，用二次去离子水定容。

（3）配制样品溶液：取 50mL 矿泉水于 100mL 容量瓶中，加入 5mL 硝酸，用二次去离子水稀释至标线，摇匀。

2. 操作步骤

（1）打开仪器主机、计算机，点击工作站使主机与计算机连接。

（2）等待光室温度达到平衡后，打开高纯氩气吹扫检测器约 5min。

（3）选择待测元素及谱线，设定相关参数。测定钙时采用钙的 317.933nm 次灵敏线，测定镁时采用镁 285.213nm 次灵敏线。

RF 功率：1.1kW；冷却气：$18L \cdot min^{-1}$；雾化器：34Pas；样品提升量：$1.4mL \cdot min^{-1}$；积分时间：15s。

（4）将检测器温度降至 $-15℃$。

（5）点燃等离子体。

（6）波长校正，用钙、镁单标溶液分别校正波长。

（7）依次检测标准溶液，绘制工作曲线。

（8）样品测定。测定样品溶液谱线强度，计算溶液中钙、镁的浓度。

（9）测定结束后，把蒸馏水引入等离子体中清洗雾室及炬管。然后熄灭等离子体，关闭计算机，关闭氩气钢瓶，关闭循环冷却水，按与开机相反的顺序关闭仪器。

五、实验数据处理

依据工作曲线或曲线方程及溶液中测定的钙、镁元素的发射强度，计算所测样品中钙、镁的含量。

六、思考题

（1）原子发射光谱法有何特点？

（2）为何在 ICP – AES 分析法中所用的工作曲线是光强度（I）-浓度（c）的关系曲线？

第十章 电化学分析法实验

实验一 H_2SO_4 和 H_3PO_4 混合酸的电位滴定

一、实验目的

(1)学习电位滴定的基本原理和操作技术；

(2)运用 pH – V 曲线和 $(\Delta pH/\Delta V)$ – $\overline{V}$ 曲线与二级微商法确定滴定终点。

二、实验原理

H_2SO_4 和 H_3PO_4 都为强酸，H_2SO_4 的 $pK_{a2} = 1.99$，H_3PO_4 的 $pK_{a1} = 2.12$，$pK_{a2} = 7.20$，$pK_{a3} = 12.36$，由 pK_a 值可知，当用标准碱溶液滴定时，H_2SO_4 可全部被中和，且产生 pH 值的突跃，而在 H_3PO_4 第二化学计量点时，仍有 pH 值的突跃出现，因此根据滴定过程中 pH 值的变化情况，可以确定滴定终点，进而求得各组分的含量。

确定混合酸的滴定终点可用指示剂法，也可以用玻璃电极作指示电极，饱和甘汞电报作参比电极，同试液组成工作电池：

$Ag, AgCl | HCl(0.1mol \cdot L^{-1}) | 玻璃膜 | H_2SO_4 – H_3PO_4 \parallel KCl(饱和) | Hg_2Cl_2, Hg$。

在滴定过程中，通过测量工作电池的电动势，了解溶液 pH 值随加入标准碱溶液体积(V)的变化情况，然后由 pH – V 曲线或 $(\Delta pH/\Delta V)$ – $\overline{V}$ 曲线求得终点时耗去 NaOH 标准溶液的体积，也可用二级微商法求出 $\Delta^2 pH/\Delta V^2 = 0$ 时，相应的 NaOH 标准溶液体积，即得出滴定终点。根据标准溶液的浓度、用去的体积和试液的用量，即可求出试液中各组分的含量。

三、试剂和仪器

1. 试剂

（1）0.1mol·L^{-1}NaOH 标准溶液。

（2）标准缓冲溶液：0.05mol·L^{-1}邻苯二甲酸氢钾（25℃，pH = 4.01），0.025mol·L^{-1}磷酸二氢钾和磷酸氢二钠（25℃，pH = 6.86），0.01mol·L^{-1}硼砂（25℃，pH = 9.18）。

（3）KHC$_8$H$_4$O$_4$ 基准物质。

（4）H$_2$SO$_4$ – H$_3$PO$_4$ 混合酸试液（两种酸浓度之和低于 0.5mol·L^{-1}）。

2. 仪器

酸度计（PB – 10 型）；pH 复合电极；容量瓶（100mL），吸量管（5mL，10mL）；碱式滴定管（或两用滴定管）（50mL）。

四、实验步骤

1. 酸度计的校准

采用单点校准法或两点校准法对酸度计进行校准。具体校准方法见第十二章第一节。

2. 0.1mol·L^{-1}NaOH 溶液的标定

准确称取邻苯二甲酸氢钾（KHC$_8$H$_4$O$_4$）基准物质 1.6 ~ 2.0g 于 100mL 烧杯中，加蒸馏水溶解后定量转移至 100mL 容量瓶，用蒸馏水定容。

（1）粗测：准确移取 25.00mL 邻苯二甲酸氢钾标准溶液于 100mL 烧杯中，开动搅拌器，调节至适当的搅拌速度，用待标定的 0.1mol·L^{-1}NaOH 溶液进行滴定。每加入 1mL NaOH 标准溶液即读出并记录对应的 pH 值（即测量在加入 NaOH 溶液 0mL，1mL，2mL，……，30mL 后各个点的溶液 pH 值），初步判断发生 pH 值的突跃时所需的 NaOH 溶液体积范围。

（2）细测：另取 1 份 25.00mL 邻苯二甲酸氢钾标准溶液于 100mL 烧杯中，重复实验步骤（1）的操作，进行细测，即在测定的化学计量点附近取较小的等体积增量，增加测量点的密度，并在读取滴定管读数时，读准至小数点后第二位。如在粗测时终点体积为 16 ~ 18mL，则在细测时以 0.20mL 为体积增量，增加测量加入 NaOH 溶液 16.00mL，16.20mL，……，17.80mL 和 18.00mL 时各点的 pH 值。测定结束后作图（滴定曲线）以确定化学计量点时所消耗 NaOH 溶液体积，计算

NaOH 溶液的准确浓度。

粗测和细测数据分别用表 10-1 和表 10-2 记录并处理。

3. $H_2SO_4 - H_3PO_4$ 混合酸的测定

准确移取混合酸试液 10.00mL，置于 100mL 容量瓶中，用水稀释至刻度，摇匀。

(1) 粗测：吸取稀释后的试液 10.00mL 置于 100mL 烧杯中，加水至约 30mL，开动搅拌器，调节至适当的搅拌速度，用 $0.1 mol \cdot L^{-1}$ NaOH 标准溶液进行滴定。每加入 1mL NaOH 标准溶液即读出并记录对应的 pH 值（即测量在加入 NaOH 溶液 0mL，1mL，2mL，……，30mL 后各个点的溶液 pH 值），初步判断发生 pH 值的突跃时所需的 NaOH 溶液体积范围。

(2) 细测：另取 1 份 10.00mL 混合酸试液于 100mL 烧杯中，重复实验步骤 (1) 的操作，进行细测，即在测定的化学计量点附近取较小的等体积增量，增加测量点的密度，并在读取滴定管读数时，读准至小数点后第二位。如在粗测时终点体积为 16 ~ 18mL，则在细测时以 0.20mL 为体积增量，增加测量加入 NaOH 溶液 16.00mL，16.20mL，……，17.80mL 和 18.00mL 时各点的 pH 值。测定结束后作图（滴定曲线）以确定化学计量点时所消耗 NaOH 标准溶液体积，计算混合酸溶液中 H_2SO_4 和 H_3PO_4 的准确浓度。

粗测和细测数据分别用表 10-1 和表 10-2 记录并处理。

五、实验数据处理

表 10-1　pH 值的测定（粗测）

V/mL	0	1	2	3	…	24	25	26	27	28	29	30
pH												

表 10-2　pH 值的测定（细测）

V/mL	
pH	
$\Delta pH / \Delta V$	
$\Delta^2 pH / \Delta V^2$	

六、思考题

(1) 在标定 NaOH 浓度和测定混合酸各组分含量时，为什么都要采用粗测和

分析化学实验

细测两个步骤？

（2）测定混合酸时出现两个突跃，各说明何种物质与 NaOH 发生了反应？写出反应方程式。

实验二　果蔬类食品中总酸度的测定

一、实验目的

（1）学习电位滴定的基本原理和操作技术；

（2）运用 $pH - V$ 曲线和 $\Delta pH/\Delta V - \bar{V}$ 曲线与二级微商法确定滴定终点；

（3）掌握强碱滴定脐橙等果蔬食品总酸度的滴定方法。

二、实验原理

果汁具有酸性反应，这些反应取决于游离态的酸以及酸式盐存在的数量。总酸度包括未解离酸的浓度和已解离酸的浓度。酸的浓度以摩尔浓度表示时，称为总酸度。含量用滴定法测定。果蔬中含有各种有机酸，主要有苹果酸、柠檬酸、酒石酸、草酸等。果蔬种类不同，含有机酸的种类和数量也不同，食品中酸的测定是根据酸碱中和的原理，即用氢氧化钠标准溶液进行滴定，根据电位的"突跃"判断滴定终点。按 NaOH 标准溶液的消耗量计算食品中的总酸含量。

三、试剂和仪器

1. 试剂

（1）$0.1 mol \cdot L^{-1}$ NaOH 标准溶液或 $0.01 mol \cdot L^{-1}$ NaOH 标准溶液。

（2）标准缓冲溶液：$0.05 mol \cdot L^{-1}$ 邻苯二甲酸氢钾（25℃，pH = 4.01），$0.025 mol \cdot L^{-1}$ 磷酸二氢钾和磷酸氢二钠（25℃，pH = 6.86），$0.01 mol \cdot L^{-1}$ 硼砂（25℃，pH = 9.18）。

（3）$KHC_8H_4O_4$ 基准物质。

（4）果蔬食品或其试液。

（5）活性炭（脱色用）。

2. 仪器

（1）酸度计：pH = 0 ~ 14，精度 ±0.01；

·136·

（2）玻璃电极和甘汞电极，电磁搅拌器，组织捣碎机，研钵，水浴锅，冷凝管，布氏漏斗。

（3）滴定管，容量瓶，移液管，烧杯，三角烧瓶等。

四、实验步骤

1. 试样、试液的制备

准确称取混合均匀经组织捣碎机捣碎的样品 10.0g（或吸 10.0mL 样品液），转移到 100mL 容量瓶中，加蒸馏水至刻度、摇匀。用滤纸过滤得滤液于一干燥烧杯中。

2. 酸度计的校准

采用单点校准法或两点校准法对酸度计进行校准。具体校准方法见第十二章第一节。

3. 0.1mol·L^{-1}NaOH 标准溶液的标定

同实验一。标定实验数据用表 10-3（1）和表 10-4 记录及处理。

4. 果蔬食品试液的测定

（1）粗测：吸取果蔬食品试液 25.00mL 置于 100mL 烧杯中，开动搅拌器，调节至适当的搅拌速度，用 0.1mol·L^{-1}NaOH 标准溶液进行滴定。每加入 1mL NaOH 标准溶液即读出并记录对应的 pH 值（即测量在加入 NaOH 溶液 0mL，1mL，2mL，……，30mL 后各个点的溶液 pH 值），初步判断发生 pH 值的突跃时所需的 NaOH 溶液体积范围。

（2）细测：另取 1 份 25.00mL 果蔬食品试液于 100mL 烧杯中，重复实验步骤（1）的操作，进行细测，即在测定的化学计量点附近取较小的等体积增量，增加测量点的密度，并在读取滴定管读数时，读准至小数点后第二位。如在粗测时终点体积为 16～18mL，则在细测时以 0.20mL 为体积增量，增加测量加入 NaOH 溶液 16.00mL，16.20mL，……，17.80mL 和 18.00mL 时各点的 pH 值。测定结束后作图（滴定曲线）以确定化学计量点时所消耗 NaOH 标准溶液体积，计算果蔬食品试液的总酸度。平行测定 2～3 次。

测定数据用表 10-3（2）和表 10-5 记录和处理。

五、实验数据处理

总酸以每千克（或每升）样品中酸的克数表示，按下式计算：

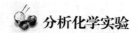

$$X = \frac{cVKF \times 1000}{m} \times 100\%$$

式中　X——每千克（或每升）样品中酸的克数，$g \cdot kg^{-1}$（或 $g \cdot L^{-1}$）；

c——氢氧化钠标准滴定溶液的浓度，$mol \cdot L^{-1}$；

V——滴定试液时消耗氢氧化钠标准滴定溶液的体积，mL；

F——试液的稀释倍数；

m——试样质量，g 或 mL；

K——酸的换算系数。各种酸的换算系数同指示剂法。

表 10-3（1）　标定 NaOH 时 pH 值的测定（细测）

V/mL
pH
$\Delta pH/\Delta V$
$\Delta^2 pH/\Delta V^2$

表 10-3（2）　总酸度测定时 pH 值的测定（细测）

V/mL
pH
$\Delta pH/\Delta V$
$\Delta^2 pH/\Delta V^2$

表 10-4　$KHC_8H_4O_4$ 标定 NaOH 溶液

编　号	1	2	3
$m_{KHC_8H_4O_4}/g$			
V_{NaOH}/mL			
$c_{NaOH}/mol \cdot L^{-1}$			
NaOH 平均浓度$/mol \cdot L^{-1}$			
绝对偏差			
平均偏差			
$RAD/\%$			

表 10-5　总酸度的测定

编　号	1	2	3
m/g			
V_1/mL			
V_2/mL			
总酸度 $X/g \cdot kg^{-1}$			
总酸度平均值$/g \cdot kg^{-1}$			
绝对偏差			
平均偏差			
$RAD/\%$			

六、思考题

(1)应用酸度计测定溶液酸度时,酸度计是否要校准?如何校准?

(2)校准酸度计时应选择哪种 pH 值标准缓冲液?

实验三　氟离子选择性电极测定水中氟含量

一、实验目的

(1)掌握离子选择电极法的测定原理及实验方法;

(2)学会正确使用氟离子选择性电极。

二、实验原理

氟离子选择性电极是以氟化镧(LaF$_3$)单晶片敏感膜的电位法指示电极,对溶液中的氟离子具有良好的选择性。离子在晶体中的导电过程,是借助于晶格缺陷而进行的。挨近缺陷空穴的导电离子,能够运动至空穴中:

$$LaF_3 + 空穴 \longrightarrow LaF^{2+} + F^-$$

氟电极用 Ag/AgCl 电极为内参比电极,一定浓度的 NaF 和 NaCl 溶液为内予比溶液,如图 10-1。

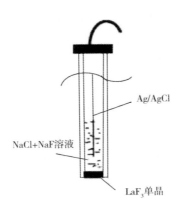

图 10-1　氟化镧电极示意图

对于氟电极而言，主要的干扰是 OH^-，这是由于在晶体表面存在下列化学反应：

$$LaF_3 + 3OH^- \longrightarrow La(OH)_3 + 3F^-$$

实验表明，电极使用时最适宜的溶液 pH 值范围为 5～5.5。如 pH 值过低，则会形成 HF 或 HF_2^- 而影响氟离子的活度；pH 值过高，则会产生 OH^- 干扰。通常加入总离子强度调解缓冲液(TISAB)，其中含有的柠檬酸盐可以控制试液的 pH 值；柠檬酸盐还能做掩蔽剂，与铁、铝等离子形成络合物以消除它们因与氟离子发生络合反应而产生的干扰；另外，TISAB 中还含有用以维持试液与标准溶液所需离子强度的惰性电解质。

氟电极与饱和甘汞电极组成的电池可以表示为：

$$Hg,\ Hg_2Cl_2 \mid KCl\ (饱和) \mid\mid F(试液) \mid LaF_3,\ NaF(10^{-3}\,mol \cdot L^{-1}),$$

$$NaCl(0.1mol \cdot L^{-1}) \mid AgCl$$

$$E = k - 2.303\frac{RT}{F}\lg a_{F^-} = k - 0.059\lg a_{F^-}\ (25℃)$$

如果测量试液的离子强度维持一定，则上述方程可表示为：

$$E = k - 0.059\lg[F^-]\ (25℃)$$

电动势 E 与 $\lg[F^-]$ 成线性关系。因此作出 E 对 $\lg[F^-]$ 的标准曲线，即可由水样测得的 E，从标准曲线上求得水样中氟离子浓度。

三、试剂和仪器

1. 试剂

氟化钠标准溶液，0.100mol · L^{-1} 称取 4.1988g 氟化钠，用去离子水溶解并稀释至 1L，摇匀。储存于聚乙烯瓶中，备用。

总离子强度调节缓冲液(TISAB)：取 29g 硝酸钠和 0.2g 二水合柠檬酸钠，溶于 50mL 的醋酸(1:1)与 50mL 5mol · L^{-1} 氢氧化钠的混合溶液中，测量该溶液的 pH 值，若不在 5.0～5.5 内，可用 5mol · L^{-1} 氢氧化钠或 6mol · L^{-1} 盐酸调解至所需范围。

2. 仪器

pHS-3C 酸度计，电磁搅拌器，氟离子选择性电极，饱和甘汞电极。

四、实验步骤

(1)将氟电极和甘汞电极接好，开通电源，预热。

(2)清洗电极：取去离子水 50～60mL 至 100mL 的烧杯中，放入搅拌磁子，开启搅拌器，直到读数为 – 370mV。

（3）标准曲线的测定

①标准溶液系列的配制。准确移取 5.00mL0.100mol·L^{-1}氟化钠标准溶液于 50mL 容量瓶中，加入 10.0m LTISAB 溶液。用去离子水稀释至刻度，摇匀。逐级稀释配制 10^{-2}mol·L^{-1}、10^{-3}mol·L^{-1}、10^{-4}mol·L^{-1}、10^{-5}mol·L^{-1}和 10^{-6} mol·L^{-1}的标准溶液。稀释时只需加入 9.0mL TISAB。

②标准曲线的绘制。将上述标准溶液分别倒出约 30mL 至 50mL 烧杯中，放入搅拌磁子，开启搅拌器，待读数稳定后读取其电池电动势，按照由稀到浓的顺序分别进行测定。

③水样的测定。准确移取 5 ~ 25mL 水样（根据试样中氟离子浓度确定移取体积）置于 50mL 容量瓶中，加入 TISAB 溶液 10.0mL，用去离子水稀释至刻度。

重新清洗氟电极，使其在纯水中测得的毫伏数为 – 370mV，然后将上述水样试液倒出约 30mL 至 50mL 烧杯中，放入搅拌磁子，开启搅拌器，待读数稳定后读取其电池电动势，根据标准曲线计算水样中氟离子的浓度，平行测定 3 次。

标准曲线测定数据和小样测定数据分别用表 10 – 6 和表 10 – 7 记录和处理。

五、实验数据处理

（1）记录 E，在坐标纸上绘制 $E \sim \lg[F^-]$ 曲线。

（2）查出未知试样溶液中氟离子浓度 $[F^-]$，由下式计算饮用水中氟含量：

$$W_F = [F^-] \times \frac{100}{50} \times M_F \times 1000$$

式中　W_F——每升饮用水样中氟的毫克数；

　　　M_F——氟的原子量。

表 10 – 6　标准曲线的绘制

编号	1	2	3	4	5
$[F^-]$/mol·L^{-1}					
$\lg[F^-]$					
电池电动势 E/ mV					

表 10 – 7　水样中氟离子浓度的测定

编号	1	2	3
电池电动势 E/mV			
$\lg[F^-]$			
$[F^-]$/mol·L^{-1}			
W_{F^-}/mg·L^{-1}			
W_{F^-}平均值/mg·L^{-1}			

六、思考题

(1)简述测定时加入总离子调节缓冲剂(TISAB)的作用是什么?
(2)测定氟离子时哪些离子会产生干扰? 如何消除?

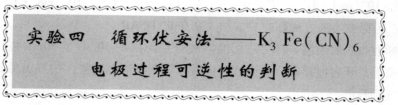

实验四　循环伏安法——$K_3Fe(CN)_6$
电极过程可逆性的判断

一、实验目的

(1)学习并掌握电化学工作站的工作原理和操作方法;
(2)掌握用循环伏安法判断电极过程的可逆性。

二、实验原理

循环伏安法在电极上施加线性扫描电压,当到达设定的某终止电压后,再反方向回扫至设定的某起始电压。

若溶液中存在氧化态 O,电极上将发生还原反应:$O + ne^- \Longrightarrow R$

反向回扫时,电极上生成的还原态 R 将发生氧化反应:$R \Longrightarrow O + ne^-$

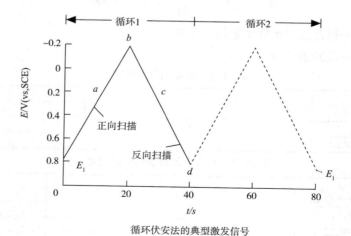

循环伏安法的典型激发信号

三角波电位,转换电位为0.8V和-0.2V(vs·SCE)

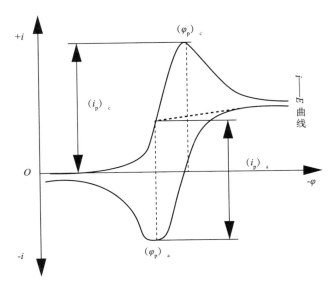

在一定扫描速率下，从起始电位正向扫描，溶液中 $[Fe(CN)_6]^{3-}$ 被还原生成 $[Fe(CN)_6]^{4-}$，产生还原电流；当反向扫描回到原起始电位时，在工作电极表面生成的 $[Fe(CN)_6]^{4-}$ 被氧化生成 $[Fe(CN)_6]^{3-}$，产生氧化电流。

从循环伏安图可确定氧化峰峰电流 i_{pa} 和还原峰峰电流 i_{pc}，氧化峰峰电位 φ_{pa} 和还原峰峰电位 φ_{pc} 值。

对于可逆体系，氧化峰与还原峰的峰电流之比为：

$$\frac{i_{pa}}{i_{pc}} \approx 1$$

氧化峰与还原峰的峰电位之差为：

$$\Delta\varphi = \varphi_{pa} - \varphi_{pc} = \frac{56}{n}(mV)$$

由此可判断电极过程的可逆性。

三、试剂和仪器

1. 试剂

$1\,mol \cdot L^{-1}\,KNO_3$ 溶液，$0.01\,mol \cdot L^{-1}\,K_3Fe(CN)_6$ 溶液。

2. 仪器

电化学工作站（CHI600D），铂柱电极 1 支，铂丝电极 1 支，饱和甘汞电极 1 支。

四、实验步骤

1. $K_3Fe(CN)_6$ 溶液的配制

分别移取 1.00、2.50 和 5.00mL 0.01mol·L^{-1} $K_3Fe(CN)_6$ 溶液于 3 只 25mL 的容量瓶中，然后加入 2.5mL 的 1mol·L^{-1} KNO$_3$ 溶液，稀释至刻度，摇匀，充氮气除氧 5min，备用。

2. 铂片电极的处理

铂电极用 Al$_2$O$_3$ 粉末(粒径 0.05μm)将电极表面抛光，然后用蒸馏水清洗。

3. $K_3Fe(CN)_6$ 溶液的循环伏安图的测定

在电解池中插入电极，以新处理的铂电极为工作电极，铂丝电极为辅助电极，饱和甘汞电极为参比电极，进行循环伏安仪设定，扫描速率为 100 mV·s^{-1}，起始电位为 0.3V，终止电位为 -0.1V。开始循环伏安扫描，记录循环伏安图。

4. CHI600D 电化学工作站操作步骤

(1)打开电脑，电化学工作站，并且预热 20min 使其达到稳定状态。

(2)固定好三电极系统(铂电极为工作电极，铂丝电极为辅助电极，饱和甘汞电极为参比电极)，打开 chi600d 软件。

(3)打开菜单 setup，点击"Technique"，选取"cyclic voltammetry"，点击"OK"。

(4)打开菜单 setup，点击"Parameters"，出现一个表格，填写相应数据。

Init E(V)：0.3 ；High E(V)：0.3；Low E(V)：-0.1 ；Final E(V)：-0.1。

Initial Scan：Negative ；Scan Rate(V/s)：0.05 ；Sweep Segment：2 。

Sample Interval(V)：0.001 ；Quiet time(s)：2 ；Sensitivity(A/V) 。

(5)打开菜单 Control，选取"Run experiment"。

(6)打开菜单 GrapH 值 ics，选取"Grapgi Options"，在其下方"Segment"，填写"1 To 2"，点击"OK"。

(7)记录所绘图右方的蓝色数据"E$_p$"和"i$_p$"。

(8)保存在文件夹里面，并且命名。

(9)加入不同浓度的铁氰化钾溶液，搅拌均匀，按照上述操作扫描。

五、实验数据处理

计算 i_{pa}/i_{pc} 值和 $\Delta\varphi$ 值，填入表 10-8。从实验结果说明 $K_3Fe(CN)_6$ 在 KNO_3 溶液中电极反应过程的可逆性。

表 10-8　实验结果

编号	1	2	3
$c_{K_3Fe(CN)_6}$/ mol·L^{-1}			
φ_{pa}/ V			
φ_{pc}/ V			
$\Delta\varphi$/ V			
i_{pa}/ μA			
i_{pc}/ μA			
i_{pa}/i_{pc}			

六、注意事项

(1)指示电极表面必须仔细处理，否则严重影响伏安曲线的形状。

(2)每次扫描之间，为使电极表面恢复初始条件，应将电极提起后再放入溶液中或用搅拌子搅拌溶液，等溶液静止 1~2 min 再扫描。

(3)以上作图均应使用作图软件并打印。

七、思考题

(1)解释 $K_3Fe(CN)_6$ 溶液的循环伏安图。

(2)如何用循环伏安法来判断极谱电极过程的可逆性?

实验五　库仑滴定法测定水中微量铬(Ⅵ)

一、实验目的

(1)学习并掌握库仑滴定法的基本原理和要求;

(2)掌握双铂极电流法指示滴定终点的原理;

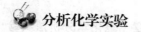

（3）熟悉通用库仑仪的基本操作技术。

二、实验原理

库仑滴定法是由电解产生的滴定剂来测定微量或痕量物质的一种分析方法。该法要求电极反应的电流效率为100%，电极反应产物与被测物质在溶液中的化学反应能定量进行，并且能有灵敏的指示滴定终点的方法。

在 H_2SO_4 溶液中，利用恒电流电解 Fe^{3+} 溶液产生滴定剂 Fe^{2+} 来测定 $Cr(VI)$，根据所消耗电量直接计算铬含量。

在电解滴定过程中，阴极上发生如下反应：

$$Fe^{3+} + e^- \Longrightarrow Fe^{2+}$$

产生的库仑滴定剂 Fe^{2+} 与溶液中的 $Cr(VI)$ 反应：

$$Cr_2O_7^{2-} + 6Fe^{2+} + 14H^+ \longrightarrow 2Cr^{3+} + 6Fe^{3+} + 7H_2O$$

根据法拉第定律，物质在电极上析出产物的质量 m 与通过电解池的电量成正比，即 $m = QM/(Fn)$，推导得到：

$$m = \frac{ItM}{n \times 96485}$$

式中　M——物质的摩尔质量，$g \cdot mol^{-1}$；

　　　Q——电量，$1C = 1A \cdot s$；

　　　F——法拉第常数，$1F = 96487C$；

　　　n——电极反应中转移的电子数。

在化学计量点以前，溶液中没有过量的 Fe^{2+}，无可逆电对存在，因而在两个指示电极回路中几乎无电流通过。终点时 $Cr(VI)$ 全部反应完，此时有微量的 Fe^{2+} 存在，在指示阳极上发生氧化反应：

$$Fe^{2+} \Longrightarrow Fe^{3+} + e^-。$$

在两个指示电极之间维持0.2V左右的电位差，此时指示回路中出现电流突跃，指示终点到达，自动电位滴定仪自动断开电解回路。库仑滴定装置图如图10-2所示。

三、试剂和仪器

1. 试剂

（1）电解母液：由水、浓 H_2SO_4、$0.5mol \cdot L^{-1} Fe_2(SO_4)_3$ 溶液按体积比 45 : 17 : 5

配制。

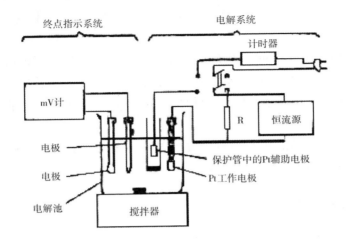

图 10-2　库仑滴定装置图

（2）Cr（Ⅵ）标准溶液：准确称取 0.1414g $K_2Cr_2O_7$，用水溶解，转移至 500mL 容量瓶中，用水稀释至刻度，即配制成含 Cr（Ⅵ）0.1mg · mL^{-1} 标准溶液。

（3）待测定的 Cr（Ⅵ）废水溶液。

2．仪器

库仑滴定仪（型号：KLT－1 型通用库仑仪）。

四、实验步骤

（1）按照自动电位滴定仪使用说明连接好电解池和搅拌器，调好仪器。

（2）终点控制方式选择"电位下降法"，即按下主机上"电流、电位"互锁琴键的"电位"挡，"上升、下降"互锁琴键的"下降"挡。

（3）将盛有电解液（70mL）的电解池置于搅拌器上（电解池内放入搅拌子），并向电解池内加入 Cr（Ⅵ）样品溶液。开启搅拌器，调节适当的搅拌速度。

（4）将主机上"电位补偿"电位器预先调节至 3 左右，按下"启动"琴键，调节该电位器，使 50μA 表针指在 40 左右，待表针稳定后，将"工作、停止"表针开关置于"待工作位置有计，如原指示灯处于灭的状态，则此时开始电解，数码显示器开始记数；如指示灯处于亮的状态，则按一下电解按钮，灯灭，开始电解，数码显示器开始记数。电解至终点时 50μA 表的表头指针开始向左突变，红灯亮，仪器显示数值即为电解滴定所消耗的电量（毫库仑数 m_mc）。

（5）每次电解滴定至终点后，弹出"启动"琴键，仪器自动清零。再向滴定池中加入 Cr(Ⅵ) 样品溶液，重复第 4 步操作，平行测定 3 次，计算水样中铬的含量。

（6）分别移取 0.00mL、0.50mL、1.00mL、1.50mL、2.00mL、2.50mL、3.00mL 0.1mg·mL^{-1} Cr(Ⅵ) 标准溶液于电解池中，按以上步骤进行电解测定，记录各浓度下相应的电量值。以 Cr(Ⅵ) 的质量(mg)为横坐标，电量值(m_{mc})为纵坐标，作校正曲线。

（7）取 Cr(Ⅵ) 样品溶液 2.00mL 于电解池中，按以上步骤进行测定，记下电量值，并从校正曲线上查出铬的含量。

五、实验数据处理

（1）利用电量值计算样品溶液中铬的含量；
（2）根据相应的电量值在校正曲线中找出并计算待测样品溶液中铬含量；
（3）分析比较两个结果之间的差异。

六、注意事项

（1）设置 KLT－1 库仑分析仪时，使电位器挡位至于 5mA 挡。
（2）调节电位器时，避免多次增大(顺时针)50μA 表的示数，以免再次反应时起始电流过大，使表满偏。
（3）配置电解液后使之冷却至室温再进行试验，以免因温度过高使电极的砂芯溶解；每次加入铬样品之后开启搅拌子搅拌 2～3min 使之混合均匀再进行反应测定。
（4）若实验前调节电位器至 10mA 挡，处理数据时注意转换电量。

七、思考题

（1）试说明永停终点法指示终点的原理。
（2）写出 Pt 工作电极和 Pt 辅助电极上的电极反应。
（3）本实验中是将 Pt 阳极还是 Pt 阴极隔开？为什么？

第十一章　色谱分析法实验

一、实验目的

(1)学习气相色谱仪的使用方法和进样技术；
(2)了解氢火焰离子化检测器的基本结构和工作原理；
(3)熟练掌握定量校正因子的测定；
(4)熟悉用归一化法定量测定混合物各组分的含量。

二、实验原理

在一定的色谱条件下，组分 i 的质量 m_i 与检测器的响应信号峰面积 A_i 成正比：

$$m_i = f_i \cdot A_i \qquad (11-1)$$

式中，f_i 称为绝对校正因子。式(1)是色谱定量的依据。不难看出，响应信号 A 及校正因子的准确测量直接影响定量分析的准确度。

由于峰面积的大小不易受操作条件如柱温、流动相的流速、进样速度等因素的影响，故峰面积更适于作为定量分析的参数。

由式(1)可以导出，绝对校正因子为：

$$f_i = \frac{m_i}{A_i} \qquad (11-2)$$

式中，m_i 可用质量、物质的量及体积等物理量表示，相应的校正因子分别称为质量校正因子、摩尔校正因子和体积校正因子。由于绝对校正因子受仪器和操作条件的影响很大，其应用受到限制，一般采用相对校正因子。相对校正因子是指组分 i 与基准组分 s 的绝对校正因子之比，即：

$$f_{is} = \frac{A_{Smi}}{A_{ims}} \tag{11-3}$$

因绝对校正因子很少使用，一般文献上提到的校正因子就是相对校正因子。测定校正因子时，先准确称量被测组分 i 与基准组分 s 的质量 m_i 和 m_s，混合后在一定色谱条件下进行测定，测量相应峰面积 A_i 和 A_s，再按上式计算。

根据不同的情况，可选用不同的定量方法。归一化法是将样品中所有组分含量之和按 100% 计算，以它们相应的响应信号为定量参数，通过下式计算各组分的质量分数：

$$\omega_i = \frac{m_i}{m_{总}} = \frac{f_{is} \cdot A_i}{\sum_{i=1}^{n} f_{is}A_i} \times 100\% \tag{11-4}$$

该法简便、准确。当操作条件变化时，对分析结果影响较小，常用于定量分析，尤其适于进样量少而体积不易准确测量的液体试样。但采用本法进行定量分析时，要求试样中各组分产生可测量的色谱峰。

三、试剂和仪器

1. 试剂
乙醇（HPLC），乙酸乙酯（HPLC），环己烷（HPLC），正庚烷（HPLC）。
2. 仪器
气相色谱仪 GC1690（配 FID，杭州科晓）；色谱柱：AT · SE - 30（30m × 0.25mm × 0.33μm）；氮气钢瓶；氢气钢瓶；空气钢瓶；5.0μL 微量注射器；5.0mL 容量瓶。

四、实验步骤

（1）准确称取乙醇、乙酸乙酯、环己烷和正庚烷各约 1.0g（准确至小数点后四位）于容量瓶中，混匀，待测。

（2）先打开载气，再开电源，设定仪器参数，进样口温度 120℃（INJ 120 ENTER），柱温 80℃（COL I. TEMP 80 ENTER），检测器温度 120℃（SHIFT DET 120 ENTER）。

（3）各参数确定（READY）后，设置燃气0.10MPa（氢气50mL·min⁻¹）和助燃气0.12 MPa（空气500mL·min⁻¹），点火。打开色谱工作站，基线平滑后，进样0.50μL，重复进样3次，记录色谱图上各峰的保留时间t_R和峰面积A。计算各组分的定量校正因子。实验结果用表11-1记录并处理。

（4）取未知混合试样0.5μL，重复进样3次，记录色谱图上各峰的保留时间t_R和峰面积A。计算各组分的质量分数。实验结果用表11-2记录并处理。

（5）实验完毕，先关闭氢气和空气，再将温度设置到室温，待温度达到后，关闭GC电源，关闭载气。

五、实验数据处理

表11-1　定量校正因子的测定

组分	m/g	1			2			3			$\bar{f}_i$	f_{is}
		t_R/min	A	f_i	t_R/min	A	f_i	t_R/min	A	f_i		
乙醇												
乙酸乙酯												
环己烷												
正庚烷												

注：以正庚烷为基准物质。

表11-2　未知混合试样中各组分的质量分数

记录项目	1			2			3			$\bar{\omega}$/%
	t_R/min	A	ω/%	t_R/min	A	ω/%	t_R/min	A	ω/%	
乙醇										
乙酸乙酯										
环己烷										

六、思考题

（1）计算定量校正因子（f_{is}）时，若以其他组分为基准物对测定结果是否有影响？

（2）实验中，是否要严格控制进样量，为什么？

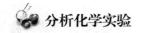

实验二　高效液相色谱法测定 VE 胶囊中 α－VE 醋酸酯的含量

一、实验目的

（1）了解高效液相色谱仪的基本构造和工作原理；

（2）掌握高效液相色谱仪的正确操作方法；

（3）学习维生素 E 的定量分析方法。

二、实验原理

高效液相色谱法（High performance Liquid chromatography，HPLC），是在气相色谱和经典色谱的基础上发展起来的。和气相色谱一样，液相色谱分离系统也由两相——固定相和流动相组成。液相色谱的固定相可以是吸附剂、化学键合固定相（或在惰性载体表面涂上一层液膜）、离子交换树脂或多孔性凝胶；流动相是各种溶剂。被分离混合物由流动相液体推动进入色谱柱。根据各组分在固定相及流动相中的吸附能力、分配系数、离子交换作用或分子尺寸大小的差异进行分离。色谱分离的实质是样品分子与溶剂以及固定相分子间的作用，作用力的大小，决定色谱过程的保留行为。

按分离机制的不同液相色谱法分为液固吸附色谱法、液液分配色谱法、离子交换色谱法、离子对色谱法及分子排阻色谱法。液液色谱法按固定相和流动相的极性不同可分为正相色谱法（NPC）和反相色谱法（RPC）。RPC 一般用非极性固定相（如 C18、C8），在现代液相色谱中应用最为广泛，约占整个 HPLC 应用的 80% 左右。

维生素 E 又称生育酚，目前已经确认的有 8 种异构体，α、β、γ、δ 生育酚和 α、β、γ、δ 生育三烯酚，天然存在的 α－生育酚的维生素 E 活性最强。α－生育酚醋酸酯是 α－生育酚的酯化产品，常用在维生素胶囊中，具有很强的氧化稳定性。

样品以甲醇溶解，采用 RPC 法，以甲醇为流动相，C18 色谱柱分离，紫外检测器 284nm 波长检测，外标法定量，测定维生素 E 胶囊中 α－生育酚醋酸酯的含量。

VE 含量计算公式为：

$$\alpha - 维生素 E 醋酸酯含量\ w = \frac{C \cdot V}{m}(\mu g/g)$$

式中　C——待测液中 α-生育酚醋酸酯的浓度；

　　　V——待测试液体积；

　　　m——维生素 E 胶囊称量质量。

三、试剂和仪器

1. 试剂

维生素 E 醋酸酯标准品；维生素 E 胶囊；甲醇（色谱纯）；四氢呋喃（分析纯）甲醇（分析纯）。

2. 仪器

CBM-10A VP Plus 高效液相色谱仪（日本岛津，LC-10A 泵，SPD-20A 紫外双波长检测器）；KQ5002B 型超声波清洗器；紫外可见分光光度计；电子分析天平；注射器；容量瓶；移液管。

四、实验条件

色谱柱为 Eclipse XDB-C18 柱（150mm × 4.6mm，5 μmi.d.）；流动相为甲醇，流速 0.5mL·min^{-1}；进样量 20 μL；UV 检测器，检测波长为 284nm（通过紫外分光光度计扫描确定）。

五、实验步骤

1. 流动相过滤和脱气

流动相甲醇用 0.45μm（或 0.22μm）有机滤膜滤过，以除去杂质微粒，然后超声脱气（一般 500mL 溶液需超声 20~30min）。超声时应注意避免溶剂瓶与超声槽底部或壁接触，以免玻璃瓶破裂，容器内液面不要高出水面太多。处理好的流动相储存于玻璃、聚四氟乙烯或不锈钢容器内，恢复到室温后使用。

2. 标准溶液的配制

储备液：准确称取标准品 VE 醋酸酯用甲醇溶解使浓度为 10mg·mL^{-1}。

工作液：测定前用甲醇将 VE 标准储备液稀释至 1mg·mL^{-1}。

应用液：测定时用甲醇将工作液稀释成 $10\mu g \cdot mL^{-1}$、$50\mu g \cdot mL^{-1}$、100 $\mu g \cdot mL^{-1}$、$150\mu g \cdot mL^{-1}$、$200\mu g \cdot mL^{-1}$ 浓度标准系列溶液。

3. 试样溶液的制备

用针刺破维生素 E 软胶囊称取油状物约 0.03g，置于 10mL 烧杯中，加入甲醇超声溶解后转移至 25mL 容量瓶定容，检测前再稀释 10 倍。标准系列溶液与待测液使用前需经 $0.45\mu m$ 有机滤膜过滤。

4. 开机

接通电源，依次开启电源、泵、检测器，待泵和检测器自检结束后，打开电脑显示器、主机，最后打开色谱工作站。

5. 更换流动相并排气泡

流动相的吸滤器放入装有准备好的流动相的储液瓶中；逆时针转动泵的排液阀（不能超过180°），打开排液阀；按泵的［purge］键，pump 指示灯亮，泵大约以 $9.9mL \cdot min^{-1}$ 的流速冲洗，3min（可设定）后自动停止；将排液阀顺时针旋转到底，关闭排液阀。如管路中仍有气泡，则重复以上操作直至气泡排尽。

6. 平衡系统

打开"在线色谱工作站"软件，输入实验信息并设定各项方法参数后，按"下载"按钮。参数载入。启动泵，检查各管路连接处是否漏液，如漏液应予以排除。观察泵控制屏幕上的压力值，压力波动应不超过 1MPa。如超过则可初步判断为柱前管路仍有气泡，检查管路后再操作。观察基线变化，如果冲洗至基线漂移 < 0.01 mV $\cdot min^{-1}$，噪声 < 0.001 mV 时，可认为系统已达到平衡状态，可以进样。

7. 进样、检测

进样前按"零点校正"按钮校正基线零点。用试样溶液清洗注射器，并排除气泡后抽取试样从六通阀进样口注入，点击单次运行图标，设置进样信息，确定后出现开始进样提示，再将六通阀切换至［INJECT］挡。每份试样至少检测 2 次。分别检测标准系列试样和待测试样，测定结果分别用表 11-3 和表 11-4 记录并处理。

8. 色谱柱的清洗

分析工作结束后，先关检测器。清洗进样阀中的残留样品，然后用甲醇以分析流速冲洗色谱柱 15～30min，在甲醇冲洗时重复注射 100～$200\mu L$ 四氢呋喃数次有助于除去强疏水性杂质，特殊情况应延长冲洗时间。

9. 关机

清洗色谱柱后，先关泵，退出工作站后关闭仪器和电脑。

六、实验数据处理

表 11-3 标准曲线绘制

编号	1	2	3	4	5
VE 浓度/$\mu g \cdot mL^{-1}$					
峰面积 A_1					
峰面积 A_2					
峰面积 A_3					
平均峰面积 A					

表 11-4 样品测定

编号	1	2	3	平均
峰面积 A				
VE 浓度/$\mu g \cdot mL^{-1}$				

七、注意事项

（1）流动相必须用 HPLC 级的试剂，使用前过滤除去其中的颗粒性杂质和其他物质（使用 $0.45\mu m$ 或更细的膜过滤）；流动相过滤后要用超声波脱气，脱气后应该恢复到室温后使用。

（2）用六通阀进样，转动阀芯时不能太慢，更不能停留在中间位置否则流动相受阻，使泵内压力剧增，甚至超过泵的最大压力。每次做完样品后应该用溶解样品的溶剂清洗进样器。

（3）分析工作结束后，先关检测器。然后用流动相以分析流速冲洗色谱柱 20min 以上，在流动相冲洗时重复注射 $100\sim200\mu L$ 四氢呋喃数次有助于除去强疏水性杂质。

八、思考题

（1）为什么作为高效液相色谱仪的流动相在使用前脱气？

（2）常用的 HPLC 定量分析方法是什么？哪些方法需要用校正因子校正峰面积？哪些方法可以不用校正因子？

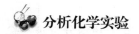

实验三　白酒成分分析(气相色谱－质谱联用方法)

一、实验目的

(1)了解白酒的成分和分析检测的意义;

(2)了解气相色谱－质谱联用仪的基本组成及原理;

(3)学习和了解 Agilent 6890/5973NGC－MS 的基本操作方法;

(4)掌握利用气相色谱－质谱联用仪对白酒成分进行定性分析的基本操作。

二、实验原理

气相色谱－质谱联用方法(Gas Chromatography Mass Spectrometry，GC－MS)是利用气相色谱将样品中混合物各组分分离，再用质谱分析推测各组分化学结构(定性分析)及其精确的量(定量分析)。GC－MS 联用分析的灵敏度高，适合于低分子化合物(分子量 <1000)分析，尤其适合于挥发性成分的分析。特别适用于中药挥发性成分的鉴定、食品和中药中农药残留量的测定以及环境监测等方面。

GC－MS 主要由三部分组成:色谱部分、质谱部分和数据处理系统。气相色谱－质谱联用的原理流程如图 11－1 所示。

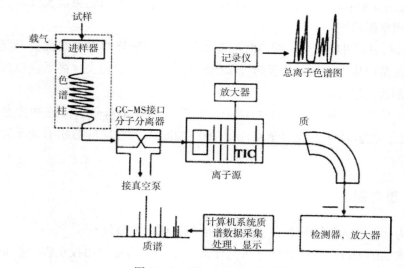

图 11－1　GC－MS 原理流程图

当一个混合物样品注入气相色谱仪的进样口后，在色谱柱上进行分离，每种组分以不同的保留时间离开色谱柱出口，经分子分离器除去载气，只让组分分子进入离子源。经电离后，分子离子和碎片离子被加速并射向分离器。在进入分离器之前，设置一个总离子检测极，收集总离子流的一部分，经放大后可得到该组分的碎片峰，该图称为总离子流色谱图（TIC）。当记录仪上开始画出色谱峰时，表明这一组分正出现在质谱计的离子源内。当某组分的总离子色谱峰的峰顶将出现时，对质谱计进行扫描就可得到此组分的质谱图。

Agilent 6890/5973N 气相色谱 – 质谱联用仪是美国 Agilent 仪器公司生产的产品，该仪器具有扫描速度快、灵敏度及分辨率高、功能齐全等特点，适用于绝大多数有机物的结构分析以及分子量的测定；该仪器的气相色谱部分具有多种操作模式（恒流、恒压、程序升流、程序升压），可进行六阶七平台程序升温，对于成分复杂的有机混合物可不经分离直接进行分析；同时该仪器配备有 MSD 化学工作站进行数据采集和结果处理及 13 万张谱图、10.7 万张结构库的标准谱库（NIST 库）、WILEY 质谱库（第七版，39 万张质谱图）、保留时间锁定（RTL）农药质谱库供未知物检索用。

白酒中主要成分是乙醇和水（约占总重量的98%），其余微量成分（约2%）包括有机酸、高级醇、酯类、醛类、多元醇、酚类和其他芳香族化合物。白酒中微量成分虽然很少，却决定着酒的香气、口味和风格，构成了白酒的不同典型性。在白酒的分析中，气相色谱 – 质谱联用法灵敏度高、分离效果好，并且简便、快速、准确，故已广泛用作白酒中各种成分分析的检测方法。

三、试剂和仪器

6890 – 5973N 气相色谱质谱联用仪、DB – WAX 毛细管色谱柱（60m × 0.25mm × 0.25μm），均为美国 Agilent 公司产品。未知酒样。

四、实验条件

色谱条件：进样口温度为230℃，载气 He（99.999%）；恒流1.0mL/min，分流比20:1，进样量1μL；采用程序升温：初始温度50℃，保持2min，以8℃/min升至230℃。

质谱条件：离子源温度为230℃，电离方式为 EI，电子能量为70eV，扫描质量范围是 20～400amu，溶剂延迟3min。

五、实验步骤

1. 开机

（1）检查质谱放空阀门是否关闭，毛细管柱是否接好；

（2）打开 He 钢瓶控制阀，设置分压阀压力为 0.4 ~ 0.5MPa；

（3）依次启动计算机、6890N 气相色谱、5973N 质谱的电源，等待仪器自检完毕；

（4）在计算机桌面上，双击"GCMS"图标，工作站自动与 GC – MS 仪器通信，进入工作站界面；

（5）从"视图"菜单中选择"调谐和真空控制"，在调谐和真空控制界面的"真空"菜单里选择"启动真空"，观察涡轮泵运行状态。

2. 调谐

在仪器至少开机 2h 后方可进行调谐。在调谐界面，单击"调谐"菜单，选择"自动调谐"，打印并分析结果，调谐正常方可进行实验。

3. 数据采集方法编辑

气相色谱条件设定：进样口温度、进样模式、分流比、柱温（或程序升温）、载气流速等参数；质谱条件：溶剂延迟时间、扫描方式等参数。

4. 分析

设定数据保存路径、文件名、样品编号等信息后，保存并运行方法。单击"Start Run"开始运行。

5. 数据分析

分析色谱图（总离子流图）及质谱图。标准质谱图谱库的检索，推测化合物的结构，分析白酒成分。

6. 数据分析报告

打印百分比报告、谱图检索报告。

7. 关机

将仪器进样口及柱箱温度降至室温，从工作站"视图"菜单中选择"调谐和真空控制"，在调谐和真空控制界面的"真空"菜单里选择"放空"，观察涡轮泵运行状态。等到涡轮泵转速降至"Opercent"，同时离子源和四极杆温度降至 100℃ 以下（大概需要 40min），方可退出工作站软件，并依次关闭 GC、MSD 电源，最后关掉载气。

六、实验数据处理

根据所得到的总离子流图、百分比报告以及谱图检索报告，确定白酒中的各种成分(列表指出每个化合物的出峰时间、化学名称、化学式、结构式和参考的百分比含量等)。

七、注意事项

(1)质谱内部元件正常工作氛围为真空条件，所以在进行测试以前，要进行充分的抽真空，保证测试结果的准确性和重现性。

(2)为了仪器寿命，一般使用都不关机，MS 一般都不关机以维持真空，只有在长时间不使用的情况下才关机，只两三天不使用还是最好不要关，一是因为耗损(频繁开关机对分子涡轮泵不好，分子涡轮泵在正常工作状态下的摩擦最小，在开关机的时候受到的摩擦力最大)；二是要保持高灵敏(达到好的真空需要时间)。

(3)为了得到匹配度高的分析结果，在仪器长时间没有使用后，再次使用前要进行调谐操作。

八、思考题

(1)气相色谱仪与质谱仪各有何优缺点？联用后有何优缺点？
(2)质谱仪为什么要在真空状态下工作？

第十二章　常见分析仪器的工作原理及操作规程

第一节　酸度计

一、酸度计简介

酸度计亦称 pH 计或离子计，是一种用来准确测定溶液中某离子活度的仪器。它主要由电极和电位差测量部分组成。当采用氢离子选择电极时可测定溶液的 pH 值，若采用其他的离子选择电极，则可以测量溶液中某相应离子的浓度（实为活度）。

氢离子选择电极一般为玻璃电极（图 12-1），其下端是一玻璃球泡，球泡内装有一定 pH 值的内标准缓冲溶液，电极内还有一个 Ag/AgCl 内参比电极，使用前须浸泡在酸或酸性缓冲溶液中活化 24h 以上。玻璃电极的电极电位随溶液 pH 值的变化而改变。测试时将玻璃电极与一外参比电极组成两电极系统，浸入待测溶液中，再测量两电极间的电位差。

参比电极一般为饱和甘汞电极（图 12-2）或 Ag/AgCl 电极，它们的电极电位不随溶液 pH 值的变化而改变。

因此，测得的两电极间的电位差（E）与溶液 pH 值有关。根据能斯特公式可知

$$E = K + 0.059 \times \frac{273 + t}{298} \text{pH}$$

式中　K——常数，可通过用 pH 值标准溶液对酸度计进行校正将其抵消掉；

　　　t——被测溶液的温度（℃），可通过温度补偿使其与实际温度一致。

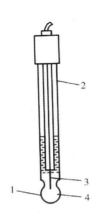

图 12-1　玻璃电极

1—玻璃膜；2—玻璃外壳；3—Ag/AgCl 参比电极；4—含 Cl^- 的缓冲溶液（一般为 $0.1mol \cdot L^{-1}$ HCl 溶液）

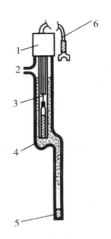

图 12-2　饱和甘汞电极

1—绝缘帽；2—加液口；3—内电极（Pt │ Hg_2Cl_2，Hg）；4—饱和 KCl 溶液；5—多孔性物质；6—导线

目前广泛使用的测 pH 值的复合电极是由玻璃电极与 Ag/AgCl 外参比电极组合而来。它结构紧凑，比两支分离的电极用起来更方便，也不容易破碎。复合 pH 电极在第一次使用或在长期停用后再次使用前应在 $3mol \cdot L^{-1}$ KCl 溶液中浸泡 24h 以上，使其活化。平时可浸泡在 $3mol \cdot L^{-1}$ KCl 溶液中保存。

用于校正酸度计的 pH 标准溶液一般为 pH 标准缓冲溶液。我国目前使用的几种 pH 标准缓冲溶液在不同温度下的 pH 值如表 12-1 所示。常用的几种 pH 标准缓冲溶液的组成和配制方法见表 12-2。

表 12-1　不同温度下标准缓冲溶液的 pH 值

$T/℃$	$0.05mol \cdot L^{-1}$ 草酸三氢钾	饱和酒石酸氢钾	$0.05mol \cdot L^{-1}$ 邻苯二甲酸氢钾	$0.025mol \cdot L^{-1}$ 磷酸二氢钾和磷酸氢二钠	$0.01mol \cdot L^{-1}$ 硼砂
0	1.67		4.01	6.98	9.40
5	1.67		4.01	6.95	9.39
10	1.67		4.00	6.92	9.33
15	1.67		4.00	6.90	9.27
20	1.68		4.00	6.88	9.22
25	1.69	3.56	4.01	6.86	9.18
30	1.69	3.55	4.01	6.84	9.14
35	1.69	3.55	4.02	6.84	9.10
40	1.70	3.54	4.03	6.84	9.07

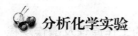

续表

$T/℃$	$0.05mol \cdot L^{-1}$ 草酸三氢钾	饱和酒石酸氢钾	$0.05mol \cdot L^{-1}$ 邻苯二甲酸氢钾	$0.025mol \cdot L^{-1}$ 磷酸二氢钾和磷酸氢二钠	$0.01mol \cdot L^{-1}$ 硼砂
45	1.70	3.55	4.04	3.83	9.04
50	1.71	3.55	4.06	6.83	9.01
55	1.72	3.56	4.08	6.84	8.99
60	1.73	3.57	4.10	6.84	8.96

表 12-2　标准缓冲溶液的配制方法

试剂名称	分子式	浓度 /mol·L⁻¹	试剂的干燥与预处理	缓冲溶液的配制方法
草酸三氢钾	$KH_3(C_2O_4)_2$ $\cdot 2H_2O$	0.05	57℃ ±2℃ 下干燥至恒重	12.7096g$KH_3(C_2O_4)_2 \cdot 2H_2O$ 溶于适量蒸馏水，定量稀释至 1L
酒石酸氢钾	$KHC_4H_4O_6$	饱和	不必预先干燥	$KHC_4H_4O_6$ 溶于 25℃ ±3℃ 蒸馏水中直至饱和
邻苯二甲酸氢钾	$KHC_8H_4O_4$	0.05	110℃ ±5℃ 干燥至恒重	10.2112g$KHC_8H_4O_4$ 溶于适量蒸馏水中，定量稀释至 1L
磷酸二氢钾和磷酸氢二钠	KH_2PO_4 和 Na_2HPO_4	0.025	KH_2PO_4 在 110℃ ±5℃ 下干燥至恒重 Na_2HPO_4 在 120℃ ±5℃ 下干燥至恒重	3.4021g KH_2PO_4 和 3.5490g Na_2HPO_4 溶于适量蒸馏水，定量稀释至 1L
硼砂	$Na_2B_4O_7$ $\cdot 10H_2O$	0.01	$Na_2B_4O_7 \cdot 10H_2O$ 放在含有 NaCl 和蔗糖饱和液的干燥器中	3.8137g$Na_2B_4O_7 \cdot 10H_2O$ 溶于适量除去 CO_2 的蒸馏水中，定量稀释至 1L

　　标准缓冲溶液应保存在盖紧的玻璃瓶或塑料瓶中，以免受空气中的 CO_2 或溶剂挥发等的影响。标准缓冲溶液一般在几周内可保持 pH 值稳定不变。在校正时，应先用蒸馏水冲洗电极，并用滤纸轻轻吸干，以免沾污标准缓冲溶液及影响电极的响应速率（复合电极里面容易夹带水）。为了减少测量误差，应选用与待测溶液的 pH 值相近的 pH 标准缓冲溶液来校正酸度计。

二、PB-10 sartorius（赛多利斯）pH 计

　　酸度计型号较多，目前实验室广泛使用的有 pHS-3C 型、梅特勒 320-S 和 PB-10 sartorius（赛多利斯）pH 计等，如图 12-3 和图 12-4 所示。它们的结构、功能和使用方法大同小异。PB-10 sartorius（赛多利斯）pH 计是一种精密数字显示 pH 计，其稳定性较好，操作较简便。下面简单介绍 PB-10 sartorius（赛多利斯）

pH 计的使用方法。

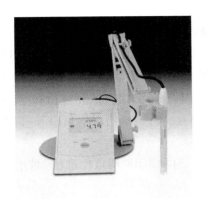

图 12-3　PB-10 sartorius(赛多利斯)pH 计

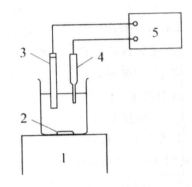

图 12-4　测量装置
1—磁力搅拌器；2—转子；3—指示电极；
4—参比电极；5—酸度计

(一)按键说明

(1)Mode 键：转换键，用于 pH 值和 mV 两种测量方式转换。

(2)Setup 键：设定键，用于清除缓冲液，调出电极校准数据或选择自己识别的缓冲液。

(3)Enter 键：确认键，用于菜单选择确认。

(4)Standardize 键：校正键，用于可识别缓冲液进行校正。

(二)操作步骤

(1)开机，将电源线插入电源插座。电源接通后，预热 15min，接下来进行校正。

(2)按 Mode 键，直至显示出所需要的 pH 值测量方式。

(3)按"SETUP"键，显示屏显示"Clear"，按"ENTER"键确认，清除以前的校准数据。

(4)按"SETUP"键直至显示屏显示缓冲溶液组"1.68，4.01，6.86，9.18，12.46"，按"ENTER"确认。

(5)将电极小心从电极储存液中取出，用去离子水充分冲洗电极，冲洗干净后用滤纸吸干表面水(注意不要擦拭电极)。

(6)将电极浸入第一种缓冲溶液(pH=6.86)，搅拌均匀。等到数值稳定并出现"6.86"时，按"STANDARDIZE"键，等待仪器自动校准，校准成功后，作为第一校准点数值被存储，显示"6.86"和电极斜率。

（7）将电极从第一种缓冲溶液中取出，洗净电极后，将电极浸入第二种缓冲溶液（4.01），搅拌均匀。等到数值达到稳定并出现"S"时，按"STANDARDIZE"键，等待仪器自动校准。校准成功后，作为第二校准点数值被存储，显示（4.01，6.86）和信息"% Slope ××"。××显示测量的电极斜率值，该测量值在90% ~ 105%范围内可以接受。如果与理论值有更大偏差，将显示错误信息（Err），电极应清洗，并重复上述步骤重新校准。

（8）重复以上操作完成第三点（9.18）校准。通常采用"两点校准法"校准酸度计，有时采用"单点校准法"。

（9）完成 pH 计校正，即可开始测量。用去离子水反复冲洗电极，滤纸吸干电极表面残留水份后将电极浸入待测溶液。待测溶液如果辅以磁搅拌器搅拌，可使电极响应速度更快。测量过程中等待数值达到稳定出现"S"时，即可读取测量值。使用完毕后，将电极用去离子水冲洗干净，滤纸吸干电极上的水分。浸于 $4mol \cdot L^{-1}$ KCl 溶液中保存。

（三）注意事项

（1）在各次测量之间都要用蒸馏水清洗电极，并用滤纸吸干电极。

（2）电极使用完后应及时浸泡在饱和 KCl 溶液中。

（3）电极斜率应在90% ~ 105%，出现"Slope Error"表示电极有故障。按 Enter 键重新进行测量。

（4）全部实验结束后，关掉仪器电源，把实验台清理打扫干净。

三、pHS – 3C 型精密 pH 计

（一）构造
pHS – 3C 型精密 pH 计构造如图 12-5 所示。

（二）主要性能指标

（1）测量范围：pH = 0 ~ 14.00；（0 ~ ±1800）mV（自动极性显示）。

（2）分辨率：pH = 0.01；1 mV。

（3）基本误差：±0.01 pH；±1 mV。

（4）稳定性：±0.01 pH/3h；±1 mV/3h。

（5）输入阻抗：不小于 $1 \times 10^{12} \Omega$。

(6)温度补偿范围：0～60℃。

(7)被测溶液温度：5～60℃。

(三)基本操作步骤

1. pH 值测量

(1)将复合 pH 电极和电源分别插入相应的插座中。

(2)标定。打开电源开关，预热仪器(30 min)，按"pH/mV"按钮，使仪器进入 pH 值测量状态。按"温度"按钮，使之显示为溶液温度值(此时温度指示灯亮)后按"确认"键，仪器确定溶液温度后回到 pH 值测量状态。

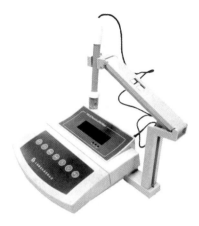

图 12-5　pH S-3C 型精密 pH 计

把用蒸馏水清洗过的电极插入 pH = 6.86 的标准缓冲溶液中，待读数稳定后按"定位"键(此时 pH 值指示灯慢闪烁，表明仪器在定位标定状态)，使读数为该溶液当前温度下的 pH 值(例如混合磷酸盐标准缓冲溶液 10℃时 pH = 6.92)，然后按"确认"键，仪器进入 pH 值测量状态，pH 值指示灯停止闪烁。标准缓冲溶液的 pH 值与温度关系对应表可见于缓冲溶液包装袋。

把用蒸馏水清洗过的电极插入 pH = 4.00(或 pH = 9.18)的标准缓冲溶液中，待读数稳定后按"斜率"键(此时 pH 值指示灯快闪烁，表明仪器在斜率标定状态)，使读数为该溶液当前温度下的 pH 值(例如邻苯二甲酸氢钾 10℃时 pH = 4.00)，然后按"确认"键，仪器进入 pH 值测量状态，pH 值指示灯停止闪烁，标定完成。

用蒸馏水清洗电极后即可对被测溶液进行测量。

(3) pH 值测量。被测溶液与定位标定溶液温度相同与否，测量步骤有所不同。

被测溶液与定位标定溶液温度相同时，用蒸馏水清洗电极头部，再用被测溶液清洗一次。把电极浸入被测溶液中，搅拌，使溶液均匀，在显示屏上读取溶液的 pH 值。

被测溶液和定位标定溶液温度不同时，用蒸馏水清洗电极头部，再用被测溶液清洗一次。用温度计测出被测溶液的温度，按"温度"键，使仪器显示为被测溶液温度值，然后按"确认"键。把电极插入被测溶液内，搅拌，使溶液均匀，再读取该溶液的 pH 值。

2. 电极电位(mV)测量

(1)把离子选择电极(或金属电极)和参比电极夹在电极架上；

（2）用蒸馏水清洗电极头部，再用被测溶液清洗一次；

（3）把离子选择性电极和参比电极的插头插入相应的电极插口；

（4）把两种电极插入待测溶液内，搅拌均匀后，即可在显示屏上读出该电极电位（mV），并自动显示正负极性；

（5）若被测信号超出仪器的测量范围，或测量端开路时，显示屏会不亮，作超载报警。

（四）注意事项

（1）仪器的输入端（测量电极插座）必须保持干燥清洁。仪器不用时，将短路插头插入插座，防止灰尘及水汽侵入。

（2）电极转换器（选购件）专为配用其他电极时使用，平时注意防潮防尘。

（3）测量时，电极的引入导线应保持静止，否则会引起测量不稳定。

（4）仪器所使用的电源应有良好的接地。

（5）仪器采用了 MOS 集成电路，因此在检修时应保证电烙铁有良好的接地。

（6）用缓冲溶液标定仪器时，要保证缓冲溶液的可靠性，否则将导致测量结果产生系统误差。

（7）如果在标定过程中操作失误或按键按错而使仪器测量不正常，可关闭电源，然后按住"确认"键再开启电源，使仪器恢复初始状态。然后重新标定。

（8）经标定后，"定位"键及"斜率"键不能再按，如果触动此键，此时仪器 pH 值指示灯闪烁，请不要按"确认"键，而是按"pH/mV"键，使仪器重新进入 pH 值测量即可，无须再进行标定。

（9）标定的缓冲溶液一般第一次用 pH = 6.86 的溶液，第二次用接近被测溶液 pH 值的缓冲液，如被测溶液为酸性时，缓冲溶液应选 pH = 4.00；如被测溶液为碱性时，则选 pH = 9.18 的缓冲溶液。一般情况下，24h 内仪器不需再次标定。

（10）溶液搅拌和静止时读数不一致，一般应静止后再读数。

第二节　电化学工作站

一、概述

电化学工作站（electrochemical workstation）是电化学测量系统的简称，是电化学研究和教学常用的测量设备。将多种测量系统组成一台整机，内含快速数字信号发生器、高速数据采集系统、电位电流信号滤波器、多级信号增益、IR 降补偿电路以及恒电位仪、恒电流仪。它可直接用于超微电极上的稳态电流测量，如果与微电流放大器及屏蔽箱连接，可测量 1pA 或更低的电流；如果与大电流放大器连接，电流范围可拓宽为 ±100A；某些实验方法的时间尺度的数量级可达 10 倍，动态范围极为宽广，一些工作站甚至没有时间记录的限制。工作站可进行循环伏安法、交流阻抗法、交流伏安法、电流滴定、电位滴定等测量，并可同时进行两电极、三电极及四电极的工作方式。四电极可用于液/液界面电化学测量，对于大电流或低阻抗电解池（例如电池）也十分重要，可消除由于电缆和接触电阻引起的测量误差。仪器还有外部信号输入通道，可在记录电化学信号的同时记录外部输入的电压信号，例如光谱信号、快速动力学反应信号等。这对光谱电化学、电化学动力学等实验极为方便。

　　电化学工作站主要有两大类，单通道工作站和多通道工作站，区别在于多通道工作站可以同时进行多个样品测试，较单通道工作站有更高的测试效率，适合大规模研发测试需要，可以显著地加快研发速度。

　　电化学是研究电和化学反应相互关系的科学。电和化学反应相互作用可通过电池来完成，也可利用高压静电放电来实现，二者统称电化学，后者为电化学的一个分支，称放电化学。因而电化学往往专指"电池的科学"。电化学测定线路如图 12-6 所示。

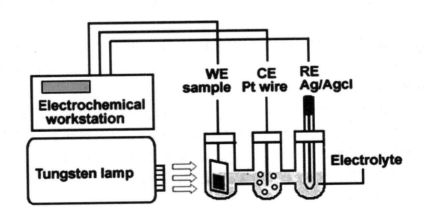

图 12-6　电化学测定线路

二、CHI600D 电化学工作站

(一)仪器简介

CHI600D 系列为通用电化学测量系统,内含快速数字信号发生器,高速数据采集系统,电位电流信号滤波器,多级信号增益,iR 降补偿电路,以及恒电位仪/恒电流仪。电位范围为 ±10V,电流范围为 ±250mA。电流测量下限低于 50pA。可直接用于超微电极上的稳态电流测量。某些实验方法的时间尺度可达十个数量级,动态范围极为宽广。循环伏安法的扫描速度为 1000V/s 时,电位增量仅 0.1mV,当扫描速度为 5000V/s 时,电位增量为 1mV。又如交流阻抗的测量频率可达 100kHz(在一定的阻抗范围可达 1MHz),交流伏安法的频率可达 10kHz。仪器可工作于二、三或四电极的方式。四电极可用于液/液界面电化学测量,对于大电流或低阻抗电解池(例如电池)也十分重要,可消除由于电缆和接触电阻引起的测量误差。仪器还有外部信号输入通道,可在记录电化学信号的同时记录外部输入的电压信号,例如光谱信号等。这对光谱电化学等实验极为方便。

CHI600D 系列硬件采用了高速的处理器,快速的放大器,快速的模数转换器和数模转换器。计时电量法加上了模拟积分器。一个 16 位高分辨高稳定的电流偏置电路以达到电流复零输出,亦可用于提高交流测量的电流动态范围。高分辨的模数转换器具有更好的信噪比,也给出了灵敏度设置的更大动态范围。

CHI600D 系列仪器的内部控制程序采用了 FLASH 存储器。仪器软件的更新不再需要通过邮寄并更换 EPROM,而可以通过网络进行传送并通过程序命令写入。这使得软件更新更加快捷方便。

CHI600D 系列仪器集成了几乎所有常用的电化学测量技术。为了满足不同的应用需要以及经费条件,CHI600D 系列分成多种型号。不同的型号具有不同的电化学测量技术和功能,但基本的硬件参数指标和软件性能是相同的。CHI600D 和 CHI610D 为基本型,分别用于机理研究和分析应用。

(二)技术参数

电化学工作站的主要技术参数如表 12-3 所示。

表 12-3　电化学工作站的主要技术参数

恒电位仪 恒电流仪（Model660D） 电位范围：±10V 电位上升时间：<1μs 槽压：±12V 三电极或四电极设置 电流范围：250mA 参比电极输入阻抗：$10^{12}\Omega$ 灵敏度：$10^{-12} \sim 0.1$A/V 共 12 档量程 输入偏置电流：<50pA 电流测量分辨率：<0.01pA CV 的最小电位增量：0.1mV 电位更新速率：10MHz 快速数据采集：16 位分辨@1MHz 外部电压输入信号记录通道 自动及手动 iR 降补偿 CV 和 LSV 扫描速度：0.000001~5000V/s	电位扫描时电位增量：0.1mV@1000V/s CA 和 CC 脉冲宽度：0.0001~1000s CA 和 CC 阶跃次数：320 DPV 和 NPV 脉冲宽度：0.0001~10s SWV 频率：1~100kHz ACV 频率：0.1~10kHz SHACV 频率：0.1~5kHz IMP 频率：0.00001~100kHz（在一定的阻抗范围 可达 1MHz） 自动电位和电流零位调整 电位和电流测量低通滤波器，自动或手动设置 覆盖八个数量级的频率范围 旋转电极控制输出：0~10V（630D 以上型号） 电解池控制输出：通氮，搅拌，敲击

（三）操作步骤

（1）打开电脑，接通电化学工作站电源，并且预热 20min 使其达到稳定状态。

（2）配制好实验所要用的电解质溶液，固定好电极，打开"chi600d"软件。

（3）打开菜单"setup"，点击"Technique"，选取"cyclic voltammetry"，点击"OK"。

（4）点击"Parameters"，出现一个表格，填写相应数据。例如：循环伏安法测定 $K_3Fe(CN)_6$：Init E(V)：-0.2；High E(V)：0.8；Low E(V)：-0.2；Final E(V)：0.8。Initial Scan：Negative；Scan Rate(V/s)：0.05；Sweep Segment：2；Sample Interval(V)：0.001；Quiet time(s)；Sensitivity(A/V)。

（5）进入菜单"Control"，选取"Run experiment"。

（6）进入菜单"Graphics"，选取"Grapgi Options"，在其下方"Segment"，填写"1 To 2"，点击"OK"。

（7）记录所绘图右方的蓝色数据，即 E_p 和 i_p。

（8）保存在文件夹里面，并且命名。

第三节 分光光度计

一、分光光度计简介

分光光度计分为红外、紫外－可见、可见分光光度计等几类，有时也称之为分光光度仪或光谱仪。可见光分光光度计用于可见光吸光光度法测定，较普遍使用的有 721B 型、722 型和 7220 型等；紫外－可见分光光度计用于紫外及可见光吸光光度法测定，较普遍使用的有 UV2550 型、UV3300PC 型和 UV4501S 型等；红外光谱仪用于红外吸收光谱的测定，常见的有 AVATAR360、Nicolet 6700、Tensor 27 等傅里叶变换红外光谱仪。

二、7220 型分光光度计

1. 结构

7220 型分光光度计是一种可见分光光度计，图 12-7 和图 12-8 所示为 7220 型分光光度计的光学系统与外形示意图。7220 型分光光度计采用寿命较长的钨灯作光源(W)，由其发出的复合光经聚光镜 T_1、滤光片 F、保护片 M_1，汇聚在入射狭缝 S_1 上，入射光被平面反射镜 M_2 反射到准直镜 M_3 后变成平行光束，再经光栅 G 色散、准直镜 M_4 聚焦、出射狭缝 S_2 后，成为单色光。单色光由透镜 T_2 汇聚，透过试样池 R，到达接收器光电管 N。光电管将光信号转变为电信号，电信号经放大器放大后，由 A/D 转换器将模拟信号转换为数字信号，送往单片机处理，处理结果通过显示屏显示出来。使用者则通过键盘输入指令，如图 12-9 所示。

2. 使用方法

(1)仪器预热接通电源，打开电源开关，推开试样室门，按"方式选择"，使"透射比(即 T)"灯亮，仪器显示数字即表示正常。然后让仪器预热 10 min 左右。

(2)测定透射比调节波长旋钮至所需值，将装有参比溶液和待测溶液的比色皿置于试样池架中(注意：比色皿透明的面朝向入射光，手拿毛玻璃面)，关上试样室门。将参比溶液拉至光路中，按"100.0%T"键，使其显示为"100.0"。打开试样室门，看显示屏是否显示"0.00"，若不是则按"0%T"键，使其显示为"0.00"。重复此两项操作，直至仪器显示稳定。然后将待测溶液依次拉入光路，

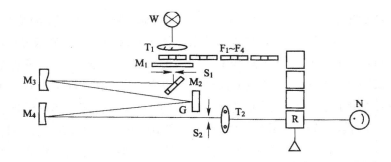

图 12-7　7220 型分光光度计光学系统示意图

W—钨灯；T_1，T_2—透镜；M_3，M_4—准直镜；S_1，S_2—狭缝；

F_1，F_4—滤光片；G—光栅；M_1—保护片；M_2—反光镜；N—光电管

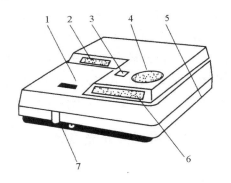

图 12-8　7220 型分光光度计外形图

1—试样室门；2—显示屏；3—波长显示窗；4—波长调节旋钮；5—仪器电源开关；

6—仪器操作键盘；7—试样池拉手

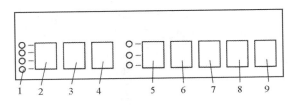

图 12-9　7220 型分光光度计操作键盘

1—功能指示灯；2—方式选择；3—100.0％T，ABS 0 4—0％T；

5—选标样数；6—置数加；7—置数减；8—确认；9—打印

读取各溶液的透射比。注意每当改变波长时，都应重新用参比溶液校正透射比
“100.0％”。

（3）测定吸光度在用参比溶液调好 T"100.0％"和"0.00"后（如第 2 步），按"方式选择"键，选择"ABS"，再将待测溶液依次拉入光路，在显示屏上读出各溶液的吸光度。通过测定标准溶液和未知溶液的吸光度，绘 $A - c$ 工作曲线，根据未知溶液的吸光度可从工作曲线上找出对应的浓度值。作图时应合理选取横坐标与纵坐标数据单位比例，使图形接近正方形，工作曲线位于对角线附近。

（4）浓度直读在如（2）用参比溶液调好 T"100.0％"和"0.00"后，按"方式选择"，使"c_0"指示灯亮，将第 1 个标准溶液拉入光路，按"选标样点"至"1"亮，再按"置数加"或者"置数减"使显示屏显示该标准溶液的浓度值（或其整数倍数值），按"确认"。再将第 2 个标准溶液拉入光路中，按"选标样点"至"2"亮，再按"置数加"或者"置数减"使显示屏显示该标准溶液的浓度值（或其同标准溶液 1 的整数倍数值），按"确认"。如此操作，可再将第 3 个标准溶液的浓度输入。然后将待测的未知溶液置光路中，按"方式选择"，使"conc."指示灯亮，显示屏即显示此溶液的浓度值（或其整数倍数值）。用这种方法，可在输入 1 个或 2 个标准溶液浓度后测未知溶液浓度。该仪器最多允许设 3 个标准溶液。

（5）还原仪器仪器使用完毕，关闭电源，拔下电源插头，取出比色皿，洗净，使仪器复原。然后盖上防尘罩，并进行仪器使用情况登记。

三、岛津 UV – 2550 紫外可见分光光度计

（一）仪器主要指标及结构

岛津 UV – 2550 紫外可见分光光度计的波长范围为 190 ~ 900nm，是双光束全自动扫描型，如图 12– 10 所示。

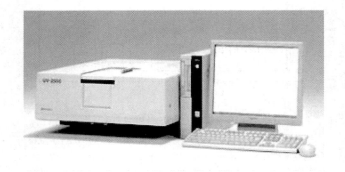

图 12– 10　岛津 UV – 2550 紫外可见分光光度计

1．高水平的超低杂散光

UV－2550 采用优异的 DDM（双闪耀衍射光栅、双单色器）技术实现了超低杂散光（0.0003％以下）和高光通量。低的杂散光可以对高浓度的样品不进行稀释而直接测定。

2．通用型的软件 UVProbe

UV－2550 通过新一代的中英文双语操作软件 UVProbe 控制，包含光谱测定、光度测定、动力学测定和报告处理四大模块，从基本的测定到研究解析都可以通过它实现。UVProbe 实现了真正的 QA/QC 功能，完全支持 GLP、GMP。另外还可以加载膜厚测定、色彩分析等软件。

（二）操作流程

1．开机预热

（1）先打开电脑显示器和主机，再打开仪器的电源（仪器左侧），双击桌面上的图标 UVProbe 2.33，出现"运行身份"对话框，选中"当前用户"，把"保护我的计算机"前的"√"去掉，否则进不去程序，点"确定"，进入软件。

（2）点击屏幕下方的"连接"，出现"UV－2550PC 系列 – Rev. A（FD00）"对话框，仪器开始初始化，所有项目前显示绿灯，则初始化通过，点击"确定"，仪器连接成功；

（3）初始化结束后，仪器需预热 15min。预热结束，即可往下操作。

2．基线校正

（1）点击菜单栏中的"窗口"，在下拉菜单中，点击"光度测定"，打开光度模块。

（2）点击屏幕下方光度计按键栏的"基线"，弹出"基线参数"对话框，输入波长范围（实验所需的波长范围），点击"确定"，启动基线校准操作，在基线扫描过程中，注意波长的变化范围，读数变化≤3nm 可接受。扫描结束后，点击输出窗口的"仪器履历"，查看基线扫描结果。

3．光度测定

1）首先选择测定方式，即编方法

在菜单栏的"编辑"下拉菜单中，选择"方法"，弹出"光度测定方法向导（波长）"对话框，在波长类型中，可设定测定的波长范围（点或范围）。

如果选择波长类型为"点"，则输入目标波长，点击"加入"，即出现在"条目"中；若选择波长类型为"范围"，则输入波长范围，点击"加入"。完成后，点击"下一步"；设置类型及定量法等；点击"下一步"，设置标准样品重复次数，

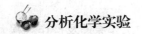

点击"下一步"，设置未知样品重复次数；点击"下一步"，设置方法的保存位置，点击"完成"，方法即保存。

2）标准曲线的绘制

在标准表中，输入标准品信息。点击光度计按键栏的"读取 Std."，开始测定。测定时，可以自动测定（把样品全部放入样品盒），一次可放 6 个，点击方法中的附件，选择"六联池"，软件自动测定各标准溶液的吸光度，并自动绘制标准曲线。所配标准溶液的吸光度在 0.15 ~ 1.0，吸收测定的精密度约为 0.5%（注：当摩尔吸收系数为 10^5 L·mol^{-1} cm^{-1}、石英皿的光程为 1cm、浓度在 $1 \times 10^{-5} ~ 1.5 \times 10^{-6}$ mol·L^{-1} 时，即可得到 0.15 ~ 1.0 的吸光度）。标准测定完毕，工作曲线自动显示。接下去测定未知样品的浓度），也可手动测定（把单个样品放入光路，点击方法中的附件，选择"无"），但是自动测定可能会在光路转换过程中产生误差。测定结束，点击菜单栏的"图像"，在下拉菜单中"标准曲线统计"，可查看标准曲线的相关信息。

3）样品的测定

在样品表中，输入样品信息。测定方法同标准品的测定。

4）储存

测量完毕后，单击"文件"下拉菜单的"保存"，储存到指定的位置。

5）关机

将比色皿从样品池中取出，先关闭软件"UVProbe2.33"，再关闭仪器电源开关。

6）清洁

测定结束后，小心将仪器内部及台面被污染的地方清洁干净。比色皿放回原位。

（三）注意事项

不要用手触摸样品室中透光窗面，若不小心接触过，要用无水乙醇擦拭。假如在石英窗上发现有染色剂，应清洗干净以防影响测定。要小心保护比色皿的透光面，只能用镜头纸或脱脂棉轻轻擦拭，避免硬的物品把透光面划伤。至少每季度清洁样品室一次，擦洗样品室底部以清洗溅出的液体样品，防止其蒸发和腐蚀样品室，或由于腐蚀而得到错误结果。

四、傅里叶变换红外光谱仪

AVATAR 360 FTIR 红外光谱仪（Nicolet）和 IS50 FTIR 红外光谱仪（Nicolet）是

两种常见的傅里叶变换红外光谱仪。

（一）概述

傅里叶变换红外光谱仪（Fourier Transform Infrared Spectrometer，FTIR），简称为傅里叶红外光谱仪。它不同于色散型红外分光的原理，是基于对干涉后的红外光进行傅里叶变换的原理而开发的红外光谱仪，主要由红外光源、光阑、干涉仪（分束器、动镜、定镜）、样品室、检测器以及各种红外反射镜、激光器、控制电路板和电源组成。其可以对样品进行定性和定量分析，广泛应用于医药化工、地矿、石油、煤炭、环保、海关、宝石鉴定、刑侦鉴定等领域。

（二）基本原理

光源发出的光被分束器（类似半透半反镜）分为两束，一束经透射到达动镜，另一束经反射到达定镜。两束光分别经定镜和动镜反射再回到分束器，动镜以一恒定速度作直线运动，因而经分束器分束后的两束光形成光程差，产生干涉。干涉光在分束器会合后通过样品池，通过样品后含有样品信息的干涉光到达检测器，然后通过傅里叶变换对信号进行处理，最终得到透过率或吸光度随波数或波长的红外吸收光谱图。

（三）主要特点

1. 信噪比高

傅里叶变换红外光谱仪所用的光学元件少，没有光栅或棱镜分光器，降低了光的损耗，而且通过干涉进一步增加了光的信号，因此到达检测器的辐射强度大，信噪比高。

2. 重现性好

傅里叶变换红外光谱仪采用的傅里叶变换对光的信号进行处理，避免了电机驱动光栅分光时带来的误差，所以重现性比较好。

3. 扫描速度快

傅里叶变换红外光谱仪是按照全波段进行数据采集的。得到的光谱是对多次数据采集求平均后的结果。而且完成一次完整的数据采集只需要一至数秒，而色散型仪器则需要在任一瞬间只测试很窄的频率范围，一次完整的数据采集需要 $10 \sim 20min$。

4. 技术参数

光谱范围：$4000 \sim 400cm^{-1}$ 或 $7800 \sim 350cm^{-1}$（中红外）；$125000 \sim 350cm^{-1}$（近、中红外）；

最高分辨率：$2.0cm^{-1}$ / $1.0cm^{-1}$ / $0.5cm^{-1}$；

信噪比：15000：$1(P-P)$ / 30000：$1(P-P)$ / 40000：$1(P-P)$；

分束器：溴化钾镀锗/ 宽带溴化钾镀锗；

检测器：DTGS 检测器 / DLATGS 检测器；

光源：空冷陶瓷光源。

（四）AVATAR 360 FTIR 红外光谱仪操作规程

IS50 FTIR 红外光谱仪的操作规程与 AVATAR 360 FTIR 红外光谱仪完全相同。

1．开机前准备

开机前检查实验室电源、温度和湿度等环境条件，当电压稳定，室温为 21℃ ±5℃，湿度≤65% 时才能开机。

2．红外吸光谱的测绘

（1）打开稳压电源、UPS 及光谱仪主机电源，稳定半小时，使得仪器能量达到最佳状态。

（2）开启计算机，并打开仪器操作平台"OMNIC"软件，运行"Diagnostic"菜单，检查仪器稳定性。双击"EZ OMINIC E. S. P"图标，进入"EZ OMINIC"操作界面，单击"Collect"选项，选择"Experiment Setup"，设定扫描次数为"32"，分辨率为"$4cm^{-1}$"，扫描方式为"Collect background after every sample"。

（3）将上述制备的样品薄片放置在 AVATAR 360 FTIR 红外光谱仪的样品仓，单击"Col Sam"图标，进行样品扫描，当出现"Background"对话框时，将溴化钾背景薄片插入样品仓，单击"OK"，搜集背景光谱并自动扣除，得到苯甲酸样品光谱。

（4）单击"Absorb"图标，将光谱纵坐标转换为"Absorbance"，然后对光谱图进行基线校正、平滑等处理，并依此单击"% Trans"图标、"Find PKs"图标，自动找出各吸收峰的位置。

（5）最后，对谱图命名并保存、打印输出所测绘红外光谱图。

3．关机

（1）关机时，先关闭 OMNIC 软件，再关闭仪器电源，盖上仪器防尘罩。

（2）在记录本记录使用情况。

4．维护及注意事项

（1）保持实验室电源、温度和湿度等环境条件，要求电压稳定，室温为 21℃ ±5℃，湿度≤65%。

（2）保持实验室安静和整洁，不得在实验室内进行样品化学处理，实验完毕即取出样品室内的样品。

（3）样品室窗门应轻开轻关，避免仪器振动受损。

（4）当测试完有异味样品时，须用氮气进行吹扫。

（5）离开实验室前，须注意关灯，关空调，最后拉开总闸刀。

第四节 荧光光度计

一、荧光光度计简介

荧光光度计也称之为荧光光谱仪。较普遍使用的有 RF – 5301PC 型、WGY – 10 型等荧光光度计，它们主要由五部分组成：

光源→分光器（也称单色器）→荧光池→光电转换元件（也称检测器）→测量显示器。

二、RF – 5301PC 型荧光分光光度计

（一）主要技术指标

（1）灯源：150W Xe 灯。

（2）单色器：闪耀式全息光栅，F2.5 刻线 1300 条·mm^{-1}。

（3）波长范围：220~900nm。

（4）波长精度：±1.5nm，。

（5）分辨率：1.0nm。

（6）狭缝宽：1.5nm，3nm，5nm，10nm，15nm，20nm。

（7）灵敏度：S/N 比 150 以上（带宽 5nm、水拉曼峰时）。

（8）测定方式：荧光光谱测定、定量测定、时间过程测定。

（9）软件功能：10 通道显示，数据 RSC 转换，谱图自动找峰，不同谱图加减乘除，谱图倒数、导数、常用对数转换等。

（10）主要功能：固体和液体的激发光谱、发射光谱和同步荧光光谱；荧光物质的定量分析。

（11）使用方法：

①将荧光光度计的右侧 Xe 灯开关置于"ON"的位置，再打开电源开关和电脑电源。

②双击电脑上的"RF – 5301PC"图标，静等仪器自检完成，出现喀嚓声后，显示"RF – 5301PC"窗口。

③预热：开机预热 20min 后才能进行测定工作。

④新建文件夹：在"Data"文件夹里新建本次所做实验的子文件夹。

⑤启动"RF – 5301PC"后在"AcquireMode"中选择欲分析的项目。

⑥设定参数：根据测量方式在"Configure"的"Parameter"里设定合适的参数。

⑦置入样品：将已经装入样品的四面擦净后的石英荧光比色皿放入样品室内试样槽后，将盖子盖好。

⑧扫描：参数设定完毕后，点击窗口右下角的"Start"图标，开始扫描，扫图结束后输入文件名将文件储存。

⑨保存：在"File"中的"Save Channel"对曲线进行保存。

⑩转换文件：在"File"的"DataTranslation"里单击要转换的"ASC Ⅱ"格式或者"DIF"格式。

⑪关机：测试完毕后，关闭电脑。之后要先关闭氙灯(Xe 灯开关置于"Off"位置)，散热 20min 后，再关闭电源开关。

(二)操作规程

1．开机

(1)确认所测试样液体或固体，选择相应的附件。

(2)先开启仪器主机电源，预热半小时后启动电脑程序 RF – 530XPC，仪器自检通过后，即可正常使用。

2．测样

1)spectrum 模式

①在"Acquire Mode"中选择"Spectrum"模式。

扫描荧光光谱时，"Configure"中"Parameters"的参数设置如下：

"Spectrum Type"中选择"Emission"，给定 EX 波长，给定 EM 的扫描范围(最大范围 220 ~ 900nm)，设定扫描速度、扫描间隔和狭缝宽度，点击"OK"完成参数的设定。

扫描激发光谱时，"Configure"中"Parameters"的参数设置如下：

"Spectrum Type"中选择 Excitation，设定 EM 波长，设定 EX 的扫描范围(最大范围 220 ~ 900nm)，设定扫描速度、扫描间隔和狭缝宽度，点击"OK"，完成参数的设定。

②在样品池中放入待测的溶液，点击"Start"，即可开始扫描。

③扫描结束后，系统提示保存文件。可在"Presentation"中选择"Graf"、"Radar"和"Both Axes Ctrl + R"来调整显示结果范围，在"Manipulate"中选择"Peak Pick"来标出峰位，最后在"Channel"中进行通道设定。

④上述操作步骤对固体样品同样适用。

2）Quantitative 模式

①在"Acquire Mode"中选择"Quantitative"模式。

②"Configure"中"Parameters"的参数设置如下：

Method 选择"Multi Point Working Curve"，"Order of Curve"中选择"1st"和"No"，给定 EX、EM 波长，设定狭缝宽度，点击"OK"，完成参数的设定。

③在样品池中放入装有空白溶液的比色皿后执行"Auto Zero"命令校零点。

④点击"Standard"模式，制作工作曲线。

⑤将样品池中的空白溶液换成一系列的已知浓度的样品标准溶液进行测量，执行"Read"命令，得到相应的荧光强度，系统根据测量值自动生成一条"荧光强度 – 浓度"曲线。

⑥在"Presentation"中选择"Display Equation"，得到标准方程。将此工作曲线"Save"为扩展名为".std"的文件。

⑦工作曲线制备完毕，即可进入未知样的测量，选择进入"Unknown"模式，将样品池中的已知浓度标准溶液换成待测样品溶液，执行"Read"命令，即可得到相应的荧光强度和相应的浓度。将此"Save"为扩展名为".qnt"的文件。

3）Time Course 模式

①在"Acquire Mode"中选择"Time Course"模式。

②"Configure"中"Parameters"的参数设置如下：

给定 EX、EM 波长，设定狭缝宽度，设定反应时间，读取速度，读取点数，点击"OK"，完成参数的设定。

③在样品池中放入装有空白溶液的比色皿后执行"Auto Zero"命令校零点。

④将样品池中的空白溶液换成待测溶液，点击"Start"，即可开始扫描。扫描结束后，即可得到荧光强度对时间的工作曲线。

⑤将此工作曲线"Save"为扩展名为".TMC"的文件。

3. 关机

退出软件后关闭主机。

（三）注意事项

（1）开机时，请确保先开氙灯电源，再开主机电源。每次开机后请先确认一下排热风扇工作正常，以确保仪器正常工作，发现风扇有故障，应停机检查。

（2）使用石英样品池时，应手持其棱角处，不能接触光面，用毕后，将其清洗干净。

（3）当操作者错误操作或其他干扰引起微机错误时，可重新启动计算机，但无须关断氙灯电源。

（4）光学器件和仪器运行环境需保护清洁，切勿将比色皿放在仪器上。清洁仪器外表时，请勿使用乙醇乙醚等有机溶剂，请勿在工作中清洁，不使用时请加防尘罩。

（5）为延长氙灯的使用寿命，实验完毕后要先关闭 Xe 灯，不关电源主机电源（光度计的右侧），等其散热完毕后再关闭电源。

第五节　原子吸收分光光度计

一、概述

原子吸收分光光度计一般由四大部分组成，即光源（单色锐线辐射源）、试样原子化器、单色仪和数据处理系统（包括光电转换器及相应的检测装置）。

原子化器主要有两大类，即火焰原子化器和电热原子化器。火焰有多种火焰，目前普遍应用的是空气－乙炔火焰。电热原子化器普遍应用的是石墨炉原子化器，因而原子吸收分光光度计，就有火焰原子吸收分光光度计和带石墨炉的原子吸收分光光度计。前者原子化的温度在 2100 ~ 2400℃，后者在 2900 ~ 3000℃。

火焰原子吸收分光光度计，利用空气－乙炔测定的元素可达 30 多种，若使用氧化亚氮－乙炔火焰，测定的元素可达 70 多种。但氧化亚氮－乙炔火焰安全性较差，应用不普遍。空气－乙炔火焰原子吸收分光光度法，一般可检测到 $mg \cdot L^{-1}$ 级（10^{-6}），精密度 1% 左右。国产的火焰原子吸收分光光度计，都可配备各种型号的氢化物发生器（属电加热原子化器），利用氢化物发生器，可测定砷（As）、锑（Sb）、锗（Ge）、碲（Te）等元素。一般灵敏度在 $ng \cdot mL^{-1}$ 级（10^{-9}），相对标准偏差 2% 左右。汞(Hg)可用冷原子吸收法测定。

石墨炉原子吸收分光光度计，可以测定近 50 种元素。石墨炉法，进样量少，灵敏度高，有的元素也可以分析到 $pg \cdot mL^{-1}$ 级(10^{-12})。

二、工作原理

元素在热解石墨炉中被加热原子化，成为基态原子蒸气，对空心阴极灯发射的特征辐射进行选择性吸收。在一定浓度范围内，其吸收强度与试液中被测元素的含量成正比。其定量关系可用郎伯 – 比耳定律：

$$A = -\lg I/I_0 = -\lg T = kcL$$

式中　I——透射光强度；

　　　I_0——发射光强度；

　　　T——透射比；

　　　L——光通过原子化器光程，每台仪器的 L 值是固定的；

　　　c——被测样品浓度。

所以 $A = kc$。

利用待测元素的共振辐射，通过其原子蒸气，测定其吸光度的装置称为原子吸收分光光度计。它有单光束、双光束、双波道、多波道等结构形式。其基本结构包括光源、原子化器、光学系统和检测系统。它主要用于痕量元素杂质的分析，具有灵敏度高及选择性好两大主要优点。广泛应用于各种气体，金属有机化合物，金属醇盐中微量元素的分析。但是测定每种元素均需要相应的空心阴极灯，这对检测工作带来不便。

火焰原子化法的优点是：火焰原子化法的操作简便，重现性好，有效光程大，对大多数元素有较高灵敏度，因此应用广泛。缺点是：原子化效率低，灵敏度不够高，而且一般不能直接分析固体样品；

石墨炉原子化器的优点是：原子化效率高，在可调的高温下试样利用率达 100%，灵敏度高，试样用量少，适用于难熔元素的测定。缺点是：试样组成不均匀性的影响较大，测定精密度较低，共存化合物的干扰比火焰原子化法大，干扰背景比较严重，一般都需要校正背景。

三、应用

原子吸收光谱分析现已广泛用于各个分析领域，主要有四个方面：理论研究；元素分析；有机物分析；金属化学形态分析。

1. 理论研究中的应用

原子吸收可作为物理和物理化学的一种实验手段，对物质的一些基本性能进行测定和研究。电热原子化器容易做到控制蒸发过程和原子化过程，所以用它测定一些基本参数有很多优点。用电热原子化器所测定的一些有元素离开机体的活化能、气态原子扩散系数、解离能、振子强度、光谱线轮廓的变宽、溶解度、蒸气压等。

2. 元素分析中的应用

原子吸收光谱分析，由于其灵敏度高、干扰少、分析方法简单快速，现已广泛地应用于工业、农业、生化、地质、冶金、食品、环保等各个领域。目前原子吸收已成为金属元素分析的强有力工具之一，而且在许多领域已作为标准分析方法。原子吸收光谱分析的特点决定了它在地质和冶金分析中的重要地位，它不仅取代了许多一般的湿法化学分析，而且还与 X–射线荧光分析，甚至与中子活化分析有着同等的地位。目前原子吸收法已用来测定地质样品中 70 多种元素，并且大部分能够达到足够的灵敏度和很好的精密度。钢铁、合金和高纯金属中多种痕量元素的分析现在也多用原子吸收法。原子吸收在食品分析中越来越广泛。食品和饮料中的 20 多种元素已有满意的原子吸收分析方法。生化和临床样品中必需元素和有害元素的分析现已采用原子吸收法。有关石油产品、陶瓷、农业样品、药物和涂料中金属元素的原子吸收分析的文献报道近些年来越来越多。水体和大气等环境样品的微量金属元素分析已成为原子吸收分析的重要领域之一。利用间接原子吸收法尚可测定某些非金属元素。

四、WFX – 130B 型原子吸收光谱仪

（一）WFX – 130B 原子吸收分光光度计参数

WFX – 130B 原子吸收分光光度计是北京北分瑞利分析仪器（集团）公司生产的一种原子吸收光谱仪，其核心参数见表12–4。

表 12-4　WFX – 130B 原子吸收分光光度计核心参数

检出限	火焰：铜 $0.007\mu g \cdot mL^{-1}$	分辨率	能分 Mn 279.5，279.8 双线，且波谷能量值 <36%
重复性（RSD）	火焰 RSD≤0.9%	灵敏度	火焰：铜 $0.04\mu g \cdot mL^{-1}$/%
检测器	光电倍增管	光学系统	单光束
单色元件	平面光栅	仪器种类	火焰

（二）WFX－130B 型原子吸收光谱仪操作规程

1．开机

（1）打开仪器室电源总开关；

（2）打开稳压器开关；

（3）打开计算机；

（4）打开原子吸收主机电源开关和打印机电源开关。

2．设置参数

（1）用鼠标双击 windows 界面"WFX－130B"图标，打开原子吸收应用程序。

（2）用鼠标单击"新建"快捷菜单，打开"选择分析方式"对话框，选择"火焰原子吸收"后，点击"确定"按钮。

（3）在"分析任务设计"对话框中，首先点击"选择方法"，选择方法后，按"确定"按钮；其次点击"样品表"按钮，编制分析样品信息，并依据样品类型选择"固体"或"液体"，然后单击"确定"按钮；最后选择"样品空白"设置"空白重复"、"浓度单位"，按"确定"按钮（Au 固体单位用 $\mu g \cdot g^{-1}$，液体单位用 $mg \cdot L^{-1}$）。

（4）"分析任务设计"完成后，点击"完成"按钮。

（5）在打开的"仪器控制"对话框中，首先点击"波长设置"按钮；待仪器动作完成后，点击"自动增益"按钮；其次通过"波长精调"、"灯位置精调"按钮，调整仪器到能量最大后，点击"自动增益"按钮。

（6）"仪器控制"设置并执行完成后，单击"完成"按钮。

3．测定

（1）打开排风罩电机开关。

（2）打开空气压缩机（先开风机开关，后开工作开关）。

（3）关闭并打开气水分离器阀门，将压缩空气导入原子吸收燃烧头。

（4）逆时针旋转 0.5～1 圈乙炔阀门开关，打开乙炔气体。

（5）按原子吸收仪"点火"按钮，点燃火焰。

（6）按原子吸收程序窗口状态栏提示，吸喷"标准溶液"或"待测样品溶液"。

（7）打印测量结果。

4．关机

（1）顺时针旋转乙炔阀门开关关闭乙炔。

（2）等原子吸收仪燃烧头火焰自动熄灭后，按一下原子吸收仪"点燃"按钮。

（3）关闭排风罩电源开关。

（4）关闭空气压缩机（先关闭工作开关，后关闭风机开关）。

(5)关闭原子吸收仪电源开关。

(6)关闭打印机电源开关。

(7)用鼠标关闭计算机。

(8)关闭稳压器电源开关。

(9)关闭仪器室总电源开关。

第六节 色 谱 仪

一、概述

色谱仪，为进行色谱分离分析用的装置，包括载气系统（流动相控制系统）、进样系统、分离系统、检测系统、记录和数据处理系统等。现代的色谱仪具有稳定性、灵敏性、多用性和自动化程度高等特点。有气相色谱仪、液相色谱仪和凝胶色谱仪等。这些色谱仪广泛地用于化学产品、高分子材料的某种含量的分析，凝胶色谱还可以测定高分子材料的分子量及其分布。

色谱法也叫层析法，它是一种高效能的物理分离技术，将它用于分析化学并配合适当的检测手段，就称为色谱分析法。

色谱法的最早应用是用于分离植物色素，其方法是这样的：在一玻璃管中放入碳酸钙，将含有植物色素（植物叶的提取液）的石油醚倒入管中。此时，玻璃管的上端立即出现几种颜色的混合谱带。然后用纯石油醚冲洗，随着石油醚的加入，谱带不断地向下移动，并逐渐分开成几个不同颜色的谱带，继续冲洗就可分别接得各种颜色的色素，并可分别进行鉴定。色谱法也由此而得名。

现在的色谱法早已不局限于色素的分离，其方法也早已得到了极大的发展，但其分离的原理仍然是一样的，仍然称其为色谱分析。

二、工作原理

（一）气相色谱法

气相色谱仪是一种对混合气体中各组分进行分析检测的仪器。样品汽化后由载气带入，通过对欲检测混合物中组分有不同保留性能的色谱柱，使各组分分离，依次导入检测器，以得到各组分的检测信号。按照导入检测器的先后次序，经过对比，可以区别出是什么组分，根据峰高度或峰面积可以计算出各组分含量。常用的检测器有：热导检测器、氢火焰离子化检测器、电子捕获检测器、火焰光度检测器、质谱检测器等。

气相色谱仪的基本构造有两部分，即分析单元和显示单元。前者主要包括气源及控制计量装置、进样装置、色谱柱和柱温控制装置。后者主要包括检测器和自动记录仪。色谱柱(包括固定相)和检测器是气相色谱仪的核心部件。

(二)液相色谱法

高效液相色谱(High Performance Liquid ChromatograpH 值 y，简称 HPLC)又称高速或高压液相色谱。该方法是吸收了普通液相层析和气相色谱的优点，经过适当改进发展起来的。它既有普通液相层析的功能(可在常温下分离制备水溶性的物质)，又有气相色谱的特点(即高压、高速、高分辨率和高灵敏度)。它不仅适应于很多不易挥发，难热分解物质的定性和定量分析，而且也适用于上述物质的制备和分离。

高效液相色谱按其固定相的性质可分为高效凝胶色谱，疏水性高效液相色谱，反相高效液相色谱，高效离子交换液相色谱，高效亲和液相色谱以及高效聚焦液相色谱等类型。用不同类型的高效液相色谱分离或分析各种化合物的原理基本上与相对应的普通液相层析的原理相似。其不同之处是高效液相色谱灵敏，快速，分辨率高，重复性好，且须在色谱仪中进行。

三、岛津 LC – 10A 高效液相色谱仪

(一)准备

(1)根据待检样品的需要更换合适的色谱柱(注意方向)和定量环。

(2)准备所需的流动相，用合适的 0.45μm 滤膜过滤，抽真空或超声脱气 20min 后装入储液瓶中。

(3)配制样品和标准溶液，用合适的 0.45μm 滤膜过滤。

(4)检查仪器各部件的电源线、数据线和输液管道是否连接正常。

(二)开机

接通电源，依次开启不间断电源、泵、检测器，待泵和检测器自检结束后，打开电脑显示器、主机，最后打开色谱工作站，点击"在线分析"使仪器与工作站连接。

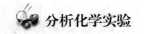

（三）参数设置

工作站可以直接设定工作参数，包括检测波长、泵流速、采集时间等。

在仪器上的设置方法：

（1）波长设定：在检测器显示初始屏幕时，按"func"键，用数字键输入所需波长值，按"Enter"键确认。按"CE"键退出到初始屏幕。

（2）流速设定：在泵显示初始屏幕时，按"func"键，用数字键输入所需的流速（柱在线时流速一般不超过 $1mL \cdot min^{-1}$），按"Enter"键确认。按"CE"键退出。

（四）更换流动相并排气泡

（1）将管路的吸滤器放入装有准备好的流动相的储液瓶中。

（2）逆时针打开泵的排液阀。

（3）按泵的"purge"键，"pump"指示灯亮，泵大约以 $9.9mL \cdot min^{-1}$ 的流速冲洗，$3\ min$（可设定）后自动停止。

（4）将排液阀顺时针旋转到底，关闭排液阀。

（5）如管路中仍有气泡，则重复以上操作直至气泡排尽。

（6）如按以上方法不能排尽气泡，从柱入口处拆下连接管，放入废液瓶中，设流速为 $5mL \cdot min^{-1}$，按"pump"键，冲洗 $3min$ 后再按"pump"键停泵，重新接上柱并将流速重设为规定值。

（五）平衡系统

（1）启动泵。

（2）检查各管路连接处是否漏液，如漏液应予以排除。

（3）观察屏幕上的压力值，压力波动应不超过 $1MPa$。如超过则可初步判断为柱前管路仍有气泡，按检查管路后再操作。

（4）观察基线变化。基线漂移 $< 0.01mV \cdot min^{-1}$ 时，可认为系统已达到平衡状态。

（六）进样

（1）进样前按检测器"zero"键调零，也可以按软件中"零点校正"按钮校正基线零点。

（2）确认六通阀处于"LOAD"挡，用试样溶液清洗注射器，并排除气泡后抽取试样从六通阀进样口注入。

（3）点击"单次运行"图标，设置进样信息，确定后出现开始进样提示，再将六通阀切换至"INJECT"挡。

（4）含量测定的对照溶液和样品供试溶液每份至少测定2次。

（七）实验结束

（1）点击工作站"再解析"，进行数据分析和结果计算。

（2）分析完毕后，先关检测器，再用经滤过和脱气的适当溶剂、流动相清洗色谱系

统，各种冲洗剂一般冲洗15～30min，特殊情况应延长冲洗时间。

（3）用相应溶剂冲洗进样器，可使用进样阀所附专用冲洗接头。

（4）逐步降低流速至0，关泵。退出工作站，关闭计算机和电源。

（八）注意事项

（1）流动相必须用HPLC级的试剂，使用前必须过滤并脱气。

（2）流动相过滤后如用超声波脱气，脱气后应该恢复到室温后使用。

（3）要注意柱子的pH值范围，不得注射强酸强碱的样品，特别是碱性样品。

（4）更换流动相时应该先将吸滤头部分放入烧杯中边振动边清洗，然后插入新的流动相中。更换无互溶性的流动相时要用异丙醇过渡一下。

（5）使用缓冲溶液时，做完样品后应立即用去离子水冲洗管路及柱子1h，然后用甲醇（或甲醇水溶液）冲洗40min以上，以充分洗去离子。

（6）每次做完样品后应该用溶解样品的溶剂清洗进样器。

附　　录

附录 Ⅰ　元素的相对原子质量

元素	符号	相对原子质量	元素	符号	相对原子质量	元素	符号	相对原子质量
银	Ag	107.87	铪	Hf	178.49	铷	Rb	85.468
铝	Al	26.982	汞	Hg	200.59	铼	Re	186.21
氩	Ar	39.948	钬	Ho	164.93	铑	Rh	102.91
砷	As	74.922	碘	I	126.90	钌	Ru	101.07
金	Au	196.97	铟	In	114.82	硫	S	32.066
硼	B	10.811	铱	Ir	192.22	锑	Sb	121.76
钡	Ba	137.33	钾	K	39.098	钪	Sc	44.956
铍	Be	9.0122	氪	Kr	83.80	硒	Se	78.96
铋	Bi	208.98	镧	La	138.91	硅	Si	28.086
溴	Br	79.904	锂	Li	6.941	钐	Sm	150.36
碳	C	12.011	镥	Lu	174.97	锡	Sn	118.71
钙	Ca	40.078	镁	Mg	24.305	锶	Sr	87.62
镉	Cd	112.41	锰	Mn	54.938	钽	Ta	180.95
铈	Ce	140.12	钼	Mo	95.94	铽	Tb	158.9
氯	Cl	35.453	氮	N	14.007	碲	Te	127.60
钴	Co	58.933	钠	Na	22.990	钍	Th	232.04
铬	Cr	51.996	铌	Nb	92.906	钛	Tl	47.867
铯	Cs	132.91	钕	Nd	144.24	铊	Ti	204.38
铜	Cu	63.546	氖	Ne	20.180	铥	Tm	168.93
镝	Dy	162.50	镍	Ni	58.693	铀	U	238.03
铒	Er	167.26	镎	Np	237.05	钒	V	50.942
铕	Eu	151.96	氧	O	15.999	钨	W	183.84
氟	F	18.998	锇	Os	190.23	氙	Xe	131.29
铁	Fe	55.845	磷	P	30.974	钇	Y	88.906
镓	Ga	69.723	铅	Pb	207.2	镱	Yb	173.04
钆	Gd	157.25	钯	Pd	106.42	锌	Zn	65.39
锗	Ge	72.61	镨	Pr	140.91	锆	Zr	91.224
氢	H	1.0079	铂	Pt	195.08			
氦	He	4.0026	镭	Ra	226.03			

附录 II　常用化合物的相对分子质量

化合物	相对分子量	化合物	相对分子量
Ag_3AsO_4	462.52	$CaCl_2$	110.99
$AgBr$	187.77	$CaCl_2 \cdot 6H_2O$	219.08
$AgCl$	143.32	$Ca(NO_3)_2 \cdot 4H_2O$	236.15
$AgCN$	133.89	$Ca(OH)_2$	74.09
$AgSCN$	135.95	$Ca_3(PO_4)_2$	310.18
Ag_2CrO_4	331.73	$CaSO_4$	136.14
AgI	234.77	$CdCO_3$	172.42
$AgNO_3$	169.87	$CdCl_2$	183.32
$AlCl_3$	133.34	CdS	144.47
$AlCl_3 \cdot 6H_2O$	241.43	$Ce(SO_4)_2$	332.24
$Al(NO_3)_3$	213.00	$Ce(SO_4)_2 \cdot 4H_2O$	404.30
$Al(NO_3)_3 \cdot 9H_2O$	375.13	$CoCl_2$	129.84
Al_2O_3	101.96	$CoCl_2 \cdot 6H_2O$	237.93
$Al(OH)_3$	78.00	$Co(NO_3)_2$	132.94
$Al_2(SO_4)_3$	342.14	$Co(NO_3)_2 \cdot 6H_2O$	291.03
$Al_2(SO_4)_3 \cdot 18H_2O$	666.41	CoS	90.99
As_2O_3	197.84	$CoSO_4$	154.99
As_2O_5	229.84	$CoSO_4 \cdot 7H_2O$	281.10
As_2S_3	246.02	$Co(NH_2)_2$	60.06
$BaCO_3$	197.34	$CrCl_3$	158.35
BaC_2O_4	225.35	$CrCl_3 \cdot 6H_2O$	266.45
$BaCl_2$	208.24	$Cr(NO_3)_3$	238.01
$BaCl_2 \cdot 2H_2O$	244.27	Cr_2O_3	151.99
$BaCrO_4$	253.32	$CuCl$	98.999
BaO	153.33	$CuCl_2$	134.45
$Ba(OH)_2$	171.34	$CuCl_2 \cdot 2H_2O$	170.348
$BaSO_4$	233.39	$CuSCN$	121.62
$BiCl_3$	315.34	CuI	190.45

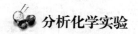

化合物	相对分子量	化合物	相对分子量
$BiOCl$	60.43	$Cu(NO_3)_2$	187.56
CO_2	44.01	$Cu(NO_3)_2 \cdot 3H_2O$	241.60
CaO	56.08	CuO	79.545
$CaCO_3$	100.09	Cu_2O	143.09
CaC_2O_4	128.10	CuS	95.61
$CuSO_4$	159.60	HNO_2	47.013
$CuSO_4 \cdot 5H_2O$	249.68	H_2O	18.015
$FeCl_2$	126.75	H_2O_2	34.015
$FeCl_2 \cdot 4H_2O$	198.81	H_3PO_4	97.995
$FeCl_3$	162.21	H_2S	34.08
$FeCl_3 \cdot 6H_2O$	270.30	H_2SO_3	82.07
$FeNH_4(SO_4)_2 \cdot 12H_2O$	482.18	H_2SO_4	98.07
$Fe(NO_3)_3$	241.86	$Hg(CN)_2$	252.63
$Fe(NO_3)_3 \cdot 9H_2O$	404.00	$HgCl_2$	271.50
FeO	71.846	Hg_2Cl_2	472.09
Fe_2O_3	159.69	HgI_2	454.40
Fe_3O_4	231.54	$Hg_2(NO_3)_2$	525.19
$Fe(OH)_3$	106.87	$Hg_2(NO_3)_2 \cdot 2H_2O$	561.22
FeS	87.91	$Hg(NO_3)_2$	324.60
Fe_2S_3	207.87	HgO	216.59
$FeSO_4$	151.90	HgS	232.65
$FeSO_4 \cdot 7H_2O$	278.01	$HgSO_4$	296.65
$FeSO_4 \cdot (NH_4)_2SO_4 \cdot 6H_2O$	392.13	Hg_2SO_4	497.24
H_3AsO_3	125.94	$KAl(SO_4)_2 \cdot 12H_2O$	474.38
H_3AsO_4	141.94	KBr	119.00
H_3BO_3	61.83	$KBrO_3$	167.00
HBr	80.912	KCl	74.551
HCN	27.026	$KClO_3$	122.55

化合物	相对分子量	化合物	相对分子量
$HCOOH$	46.026	$KClO_4$	138.55
CH_3COOH	60.052	KCN	65.116
H_2CO_3	62.025	$KSCN$	97.18
$H_2C_2O_4$	90.035	K_2CO_3	148.21
$H_2C_2O_4 \cdot 2H_2O$	126.07	K_2CrO_4	194.19
HCl	36.461	$K_2Cr_2O_7$	294.18
HF	20.006	$K_3Fe(CN)_6$	329.25
HI	127.91	$K_4Fe(CN)_6$	368.35
HIO_3	175.91	$KFe(SO_4)_2 \cdot 12H_2O$	503.24
HNO_3	63.013	$KHC_2O_4 \cdot H_2O$	146.14
$KHC_2O_4 \cdot H_2C_2O_4 \cdot 2H_2O$	254.19	NH_3	17.03
$KHC_4H_4O_6$	188.18	CH_3COONH_4	77.083
$KHSO_4$	136.16	NH_4Cl	53.491
KI	166.00	$(NH_4)_2CO_3$	96.086
KIO_3	214.00	$(NH_4)_2C_2O_4$	124.10
$KIO_3 \cdot HIO_3$	389.91	$(NH_4)_2C_2O_4 \cdot H_2O$	142.11
$KMnO_4$	158.03	NH_4SCN	76.12
$KNaC_4H_4O_6 \cdot 4H_2O$	282.22	NH_4HCO_3	79.055
KNO_3	101.10	$(NH_4)_2MoO_4$	196.01
KNO_2	85.104	NH_4NO_3	80.043
K_2O	94.196	$(NH_4)_2HPO_4$	132.06
KOH	56.106	$(NH_4)_2S$	68.14
K_2SO_4	174.25	$(NH_4)_2SO_4$	132.13
$MgCO_3$	84.314	NH_4VO_3	116.98
$MgCl_2$	95.211	Na_3AsO_3	191.89
$MgCl_2 \cdot 6H_2O$	203.30	$Na_2B_4O_7$	201.22
MgC_2O_4	112.33	$Na_2B_4O_7 \cdot 10H_2O$	381.37
$Mg(NO_3)_2 \cdot 6H_2O$	256.41	$NaBiO_3$	279.97

化合物	相对分子量	化合物	相对分子量
$MgNH_4PO_4$	137.32	$NaCN$	49.007
MgO	40.304	$NaSCN$	81.07
$Mg(OH)_2$	58.32	Na_2CO_3	105.99
$Mg_2P_2O_7$	222.55	$Na_2CO_3 \cdot 10H_2O$	286.14
$MgSO_4 \cdot 7H_2O$	246.47	$Na_2C_2O_4$	134.00
$MnCO_3$	114.95	CH_3COONa	82.034
$MnCl_2 \cdot 4H_2O$	197.91	$CH_3COONa \cdot 3H_2O$	136.08
$Mn(NO_3)_2 \cdot 6H_2O$	287.04	$NaCl$	58.443
MnO	70.937	$NaClO$	74.442
MnO_2	86.937	$NaHCO_3$	84.007
MnS	87.00	$Na_2HPO_4 \cdot 12H_2O$	358.14
$MnSO_4$	151.00	$Na_2H_2Y \cdot 2H_2O$	372.24
$MnSO_4 \cdot 4H_2O$	223.06	$NaNO_2$	68.995
NO	30.006	$NaNO_3$	84.995
NO_2	46.006	Na_2O	61.979
Na_2O_2	77.978	$SbCl_3$	228.11
$NaOH$	39.997	$SbCl_5$	299.02
Na_3PO_4	163.94	Sb_2O_3	291.50
Na_2S	78.04	Sb_3S_3	339.68
$Na_2S \cdot 9H_2O$	240.18	SiF_4	104.08
Na_2SO_3	126.04	SiO_2	60.084
Na_2SO_4	142.04	$SnCl_2$	189.62
$Na_2S_2O_3$	158.10	$SnCl_2 \cdot 2H_2O$	225.65
$Na_2S_2O_3 \cdot 5H_2O$	248.17	$SnCl_4$	260.52
$NiCl_2 \cdot 6H_2O$	237.69	$SnCl_4 \cdot 5H_2O$	350.596
NiO	74.69	SnO_2	150.71
$Ni(NO_3)_2 \cdot 6H_2O$	290.79	SnS	150.76
NiS	90.75	$SrCO_3$	147.63

化合物	相对分子量	化合物	相对分子量
$NiSO_4 \cdot 7H_2O$	280.85	SrC_2O_4	175.64
P_2O_5	141.94	$SrCrO_4$	203.61
$PbCO_3$	267.20	$Sr(NO_3)_2$	211.63
PbC_2O_4	295.22	$Sr(NO_3)_2 \cdot 4H_2O$	283.69
$PbCl_2$	278.10	$SrSO_4$	183.68
$Pb(CH_3COO)_2$	325.30	$UO_2(CH_3COO)_2 \cdot 2H_2O$	424.15
$Pb(CH_3COO)_2 \cdot 3H_2O$	379.30	$ZnCO_3$	125.39
$PbCrO_4$	323.20	ZnC_2O_4	153.40
PbI_2	461.00	$ZnCl_2$	136.29
$Pb(NO_3)_2$	331.20	$Zn(CH_3COO)_2$	183.47
PbO	223.20	$Zn(CH_3COO)_2 \cdot 2H_2O$	219.50
PbO_2	239.20	$Zn(NO_3)_2$	189.39
$Pb_3(PO_4)_2$	811.54	$Zn(NO_3)_2 \cdot 6H_2O$	297.48
PbS	239.30	ZnO	81.38
$PbSO_4$	303.30	ZnS	97.44
SO_3	80.06	$ZnSO_4$	161.44
SO_2	64.06	$ZnSO_4 \cdot 7H_2O$	287.54

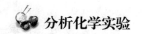 分析化学实验

附录Ⅲ　常用指示剂

(一)酸碱指示剂(18~25℃)

指示剂名称	pH 值变色范围及颜色变化	配制方法
甲基紫(第一变色范围)	0.13~0.5 黄~绿	1g·L⁻¹或0.5g·L⁻¹的水溶液
甲基紫(第二变色范围)	1.0~1.5 绿~蓝	1g·L⁻¹水溶液
甲基紫(第三变色范围)	2.0~3.0 蓝~紫	1g·L⁻¹水溶液
百里酚蓝(第一变色范围)	1.2~2.8 红~黄	0.1g指示剂溶于100mL 20%乙醇
百里酚蓝(第二变色范围)	8.0~9.6 黄~蓝	0.1g指示剂溶于100mL 20%乙醇
甲酚红(第一变色范围)	0.2~1.8 红~黄	0.04g指示剂溶于100mL 50%乙醇
甲酚红(第二变色范围)	7.2~8.8 亮黄~紫红	0.1g指示剂溶于100mL 50%乙醇
甲基橙	3.1~4.4 红~黄	1g·L⁻¹水溶液
溴酚蓝	3.0~4.6 黄~蓝	0.1g指示剂溶于100mL 20%乙醇
刚果红	3.0~5.2 蓝紫~红	1g·L⁻¹水溶液
溴甲酚绿	3.8~5.4 黄~蓝	0.1g指示剂溶于100mL 20%乙醇
甲基红	4.4~6.2 红~黄	0.1 或 0.2g指示剂溶于100mL 60%乙醇
溴酚红	5.0~6.8 黄~红	0.1 或 0.04g指示剂溶于100mL 20%乙醇
溴百里酚蓝	6.0~7.6 黄~蓝	0.05g指示荆溶于100mL 20%乙醇
中性红	6.8~8.0 红~亮黄	0.1g指示剂溶于100mL 60%乙醇
酚红	6.8~8.0 黄~红	0.1g指示剂溶于100mL 20%乙醇
酚酞	8.2~10.0 无色~红	0.1g指示剂溶于100mL 60%乙醇
百里酚酞	9.3~10.5 无色~蓝	0.1g指示剂溶于100mL 90%乙醇

(二)酸碱混合指示剂

指示剂溶液的组成	变色点 pH 值	pH 值变色范围及颜色变化
三份 $1g \cdot L^{-1}$ 溴甲酚绿酒精溶液 一份 $2g \cdot L^{-1}$ 甲基红酒精溶液	5.1	酒红 ~ 绿
一份 $2g \cdot L^{-1}$ 甲基红酒精溶液 一份 $1g \cdot L^{-1}$ 亚甲基蓝酒精溶液	5.4	5.2 ~ 5.6 红紫 ~ 绿
一份 $1g \cdot L^{-1}$ 溴甲酚绿钠盐水溶液 一份 $1g \cdot L^{-1}$ 氯酚红钠盐水溶液	6.1	5.0 ~ 6.2 黄绿 ~ 蓝紫
一份 $1g \cdot L^{-1}$ 中性红酒精溶液 一份 $1g \cdot L^{-1}$ 亚甲基蓝酒精溶液	7.0	蓝紫 ~ 绿
一份 $1g \cdot L^{-1}$ 溴百里酚蓝钠盐水溶液 一份 $1g \cdot L^{-1}$ 酚红钠盐水溶液	7.5	黄 ~ 绿
一份 $1g \cdot L^{-1}$ 甲酚红钠盐水溶液 三份 $1g \cdot L^{-1}$ 百里酚蓝钠盐水溶液	8.3	黄 ~ 紫

(三)金属离子指示剂

指示剂	pH 值适用范围	颜色变化（In/Min）	指示剂配制方法	可测定金属离子
铬黑 T（EBT）	9.0 ~ 11.0	蓝色 ~ 紫红	$5g \cdot L^{-1}$ 水溶液	$pH = 10$：Mg^{2+}、Zn^{2+}、Cd^{2+}、Pb^{2+}、Hg^{2+}、In^{3+}
二甲酚橙（XO）	≤6	亮黄 ~ 紫红	$2g \cdot L^{-1}$ 水溶液	Zn^{2+}、Cd^{2+}、Pb^{2+}、Hg^{2+}、Bi^{3+}、Co^{2+}、Cu^{2+}、Mn^{2+}、Th^{4+}、ZrO^{2+}、稀土离子等
K - B 指示剂	9.0 ~ 12.0	蓝色 ~ 紫红	0.2g 酸性铬蓝 K 与 0.4g 萘酚绿 B 溶于 100mL 蒸馏水中	$pH = 10$：Mg^{2+}、Zn^{2+}、Mn^{2+}；$pH = 12$：Ca^{2+}
钙指示剂	12 ~ 13.0	蓝色 ~ 红色	$5g \cdot L^{-1}$ 的乙醇溶液	$pH = 12 ~ 13$：Ca^{2+}
吡啶偶氮萘酚（PAN）	≤6	黄绿 ~ 红色	$1g \cdot L^{-1}$ 的乙醇溶液	$pH = 2 ~ 3$：Bi^{3+}、In^{3+}、Th^{4+}；$pH = 5 ~ 6$：Cu^{2+}、Cd^{2+}、Pb^{2+}、Mn^{2+}

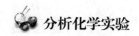分析化学实验

续表

指示剂	pH 值适用范围	颜色变化（In/Min）	指示剂配制方法	可测定金属离子
Cu – PAN（CuY – PAN）		红色～浅绿	将 10mL0.05mol·L^{-1} Cu^{2+} 溶液，加 5mLpH = 5～6 的 HAc 缓冲液，1 滴 PAN 指示剂，加热至 60℃ 左右，用 EDTA 滴至绿色，得到 0.025mol·L^{-1} CuY 溶液。使用时取 2～3mL 于试液中，再加数滴 PAN 溶液	Ca^{2+}、Mg^{2+}、Mn^{2+}
磺基水杨酸	1.5～3.0	无色～红色	10g·L^{-1} 的水溶液	pH = 1.5～3：Fe^{3+}

（四）氧化还原指示剂

指示剂名称	E/V $[H^+]$ = 1mol·L^{-1}	颜色变化 氧化态～还原态	溶液配制方法
二苯胺	0.76	紫色～无色	10g·L^{-1} 的浓 H_2SO_4 溶液
二苯胺磺酸钠	0.85	紫红～无色	5g·L^{-1} 的水溶液
N – 邻苯氨基苯甲酸	1.08	紫红～无色	0.1g 指示剂加 20mL 50g·L^{-1} 的 Na_2CO_3 溶液，用蒸馏水稀释至 100mL
邻二氮菲 – Fe（Ⅱ）	1.06	浅蓝～红色	1.485g 邻二氮菲加 0.965g $FeSO_4$，溶解，稀释至 100mL（0.025mol·L^{-1} 水溶液）
5 – 硝基邻二氮菲 – Fe（Ⅱ）	1.25	浅蓝～紫红	1.608g 5 – 硝基邻二氮菲加 0.695g $FeSO_4$，溶解，稀释至 100mL（0.025mol·L^{-1} 水溶液）

（五）吸附指示剂

名称	配制	颜色变化	测定条件	可测元素
荧光黄	1% 钠盐水溶液	黄绿～粉红	中性或弱碱性	Cl^-，Br^-，I^-，SCN^-
二氯荧光黄	1% 钠盐水溶液	黄绿～粉红	pH = 4.4～7.2	Cl^-，Br^-，I^-
四溴荧光黄（曙红）	1% 钠盐水溶液	橙红～红紫	pH = 1～2	Br^-，I^-

附录Ⅳ　常用缓冲溶液

缓冲溶液组成	pK_a	缓冲液 pH 值	缓冲溶液配制方法
氨基乙酸 – HCl	2.35 (pKa_1)	2.3	取 150g 氨基乙酸溶于 500mL 蒸馏水中后，加 80mL 浓 HCl 溶液，用蒸馏水稀释至 1L
H_3PO_4 – 柠檬酸盐		2.5	取 113g $Na_2HPO_4 \cdot 12H_2O$ 溶于 200mL 蒸馏水后，加 387g 柠檬酸，溶解，过滤后，稀释至 1L
一氯乙酸 – NaOH	2.86	2.8	取 200g 氯乙酸溶于 200mL 蒸馏水中，加 40g NaOH，溶解后，稀释至 1L
邻苯二甲酸氢钾 – HCl	2.95 (pKa_1)	2.9	取 50g 邻苯二甲酸氢钾溶于 500mL 蒸馏水中，加 80mL 浓 HCl 溶液，稀释至 1L
甲酸 – NaOH	3.76	3.7	取 95g 甲酸和 40g NaOH 于 500mL 蒸馏水中，溶解，稀释至 1L
NaAc – HAc	4.74	4.7	取 83g 无水 NaAc 溶于蒸馏水中，加 60mL 冰醋酸，稀释至 1L
六亚甲基四胺 – HCl	5.15	5.4	取 40g 六亚甲基四胺溶于 200 mL 蒸馏水中，加 10mL 浓 HCl，稀释至 1L
Tris – HCl［三羟甲基氨基甲烷 $CNH_2(HOCH_3)_3$］	8.21	8.2	取 25g Tris 试剂溶于蒸馏水中，加 8mL 浓 HCl 溶液，稀释至 1L
NH_3 – NH_4Cl	9.26	9.2	取 54g NH_4Cl 溶于蒸馏水中，加 63mL 浓氨水，稀释至 1L

附录Ⅴ　常用浓酸、浓碱的密度和浓度

试剂名称	密度/g · mL^{-1}	质量分数/%	浓度/mol · L^{-1}
盐酸	1.18 ~ 1.19	36 ~ 38	11.6 ~ 12.4
硝酸	1.39 ~ 1.40	65.0 ~ 68.0	14.4 ~ 15.2
硫酸	1.83 ~ 1.84	95 ~ 98	17.8 ~ 18.4
磷酸	1.69	85	14.6
高氯酸	1.68	70.0 ~ 72.0	11.7 ~ 12.0

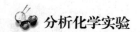

续表

试剂名称	密度/g·mL⁻¹	质量分数/%	浓度/mol·L⁻¹
冰醋酸	1.05	99.8(优级纯)~99.0(分析纯、化学纯)	17.4
氢氟酸	1.13	40	22.5
氢溴酸	1.49	47.0	8.6
氨水	0.88~0.90	25.0~28.0	13.3~14.8

附录 VI 常用基准物质

基准物质		干燥后组成	干燥条件 T/℃	标定对象
名称	分子式			
碳酸氢钠	$NaHCO_3$	Na_2CO_3	270~300	酸
碳酸钠	$Na_2CO_3 \cdot 10H_2O$	Na_2CO_3	270~300	酸
硼砂	$Na_2B_4O_7 \cdot 10H_2O$	$Na_2B_4O_7 \cdot 10H_2O$	放在含 NaCl 和蔗糖饱和液的干燥器中	酸
碳酸氢钾	$KHCO_3$	K_2CO_3	270~300	酸
草酸	$H_2C_2O_4 \cdot 2H_2O$	$H_2C_2O_4 \cdot 2H_2O$	室温空气干燥	碱或 $KMnO_4$
邻苯二甲酸氢钾	$KHC_8H_4O_4$	$KHC_8H_4O_4$	110~120	碱
重铬酸钾	$K_2Cr_2O_7$	$K_2Cr_2O_7$	140~150	还原剂（如：$Na_2S_2O_3$）
溴酸钾	$KBrO_3$	$KBrO_3$	130	还原剂（如：$Na_2S_2O_3$）
碘酸钾	KIO_3	KIO_3	130	还原剂（如：$Na_2S_2O_3$）
铜	Cu	Cu	室温干燥器中保存	还原剂（如：$Na_2S_2O_3$）
三氧化二砷	As_2O_3	As_2O_3	同上	氧化剂（如：$KMnO_4$）
草酸钠	$Na_2C_2O_4$	$Na_2C_2O_4$	130	氧化剂（如：$KMnO_4$）
碳酸钙	$CaCO_3$	$CaCO_3$	110	EDTA
锌	Zn	Zn	室温干燥器中保存	EDTA
氧化锌	ZnO	ZnO	900~1000	EDTA

基准物质		干燥后组成	干燥条件 $T/℃$	标定对象
名称	分子式			
氯化钠	NaCl	NaCl	500～600	$AgNO_3$
氯化钾	KCl	KCl	500～600	$AgNO_3$
硝酸银	$AgNO_3$	$AgNO_3$	280～290	氯化物
氨基磺酸	$HOSO_2NH_2$	$HOSO_2NH_2$	在真空 H_2SO_4 干燥中保存48h	碱
氟化钠	NaF	NaF	铂坩埚中 500～550℃ 下保存 40～50min 后, H_2SO_4 干燥器中冷却	用于配制氟离子标准溶液

参 考 文 献

[1]武汉大学化学学院.分析化学实验(上册)[M].5版.北京：高等教育出版社，2011.

[2]华东师范大学，东北师范大学，陕西师范大学，等.分析化学实验[M].3版.北京：高等教育出版社，2011.

[3]四川大学化工学院，浙江大学化学系.分析化学实验[M].3版.北京：高等教育出版社，2003.

[4]成都科学技术大学，浙江大学.分析化学实验[M].2版.北京：高等教育出版社，1989.

[5]武汉大学.分析化学(上册)[M].5版.北京：高等教育出版社，2007.

[6]华东理工大学，四川大学.分析化学[M].5版.北京：高等教育出版社，2003.